Mathematics in Paper Folding (Origami)

학교수학 종이접기 3권

정다각형 접기와 작도의 한계

저자 **이대영**

gb 지오북스

학교수학종이접기 3권
정다각형 접기와 작도의 한계

초판인쇄	2023년 7월 31일
초판발행	2023년 7월 31일
저　자	이대영
펴 낸 곳	지오북스
물　류	경기도 파주시 상골길 339 (맥금동 557-24) 고려출판물류 內 지오북스
등　록	2016년 3월 7일 제395-2016-000014호
전　화	02)381-0706 ｜ 팩스 02)371-0706
이 메 일	emotion-books@naver.com
홈페이지	www.geobooks.co.kr
정　가	15,000원
I S B N	979-11-91346-66-4

이 책은 저작권법으로 보호받는 저작물입니다.
이 책의 내용을 전부 또는 일부를 무단으로 전재하거나 복제할 수 없습니다.
파본이나 잘못된 책은 바꿔드립니다.

머리말

혹시 "어린이 친구들, 이거 보세요. 정말 재미있는 모양이 됐죠?"하는 이야기에 친근감을 가지고 계시진 않나요? 예전 KBS에서 진행하던 TV유치원 하나둘셋에선 여러 가지 코너를 요일별로 운영했는데, 그중 하나가 바로 김영만 선생님의 종이접기 코너였습니다. 종이를 툭툭, 하지만 정성스럽게 접는 과정을 따라 하다 보면 신기하게도 여러 가지 동물 모양이 나타나곤 했습니다. 저에게 종이접기는 그렇게 시작되었습니다. 저뿐만 아니라 여러분들에게도 종이접기는 누군가의 손을 빌려, 즐겁고 신기한 대상으로 다가오지 않았을까 싶습니다.

이런 종이접기가 수학 교사로서의 삶을 살고 있던 저에게 새롭게 다가왔습니다. 로버트 랭, 토머스 헐, 로베르트 게레트슈레거, 하가 카즈오, 와타베 마사루.. 종이접기 안에 수학이 있고 그 수학이 유클리드의 수학만큼이나 아름답고도 멋있음을 알고 길을 닦아간 사람들입니다. 정사각형 색종이 혹은 A4용지를 접는 과정에서 나타나는 접은 선, 그 속에 숨어 있는 수학적 이야기를 탐구해나가고 그 논리를 설명하는 이야기들은 재미있으면서도 신비로운 세상으로 다가왔습니다.

종이접기의 예술가들은 종이를 접어 용을 만들고 잉어를 비늘 하나하나 접어서 완성해냅니다. 그와 동시에 한편에서는 종이를 접어 정삼각형, 정육각형을 만드는 것을 넘어 정오각형, 정칠각형을 접어냅니다. 90°를 가지고 있는 정사각형에서 60°, 120°를 만드는 것은 공약수 30°를 가지고 있는 각도이기에 가능할 수도 있겠다 하지만, 108° 나 $\frac{900}{7}$° 같은 각도는 도대체 어떻게 만들어낼까요? 그리고 정말로 만들어 내긴 한 것일까요? 중학교 교과서엔, 책에 따라 $\frac{1}{3}$ 길이 접기도 소개되는데, 그럼 $\frac{1}{5}$ 길이 접기는 가능할까요? 또 무리수를 분모로 가지는 길이를 종이접기로 만드는 것은요?

이런 궁금증을 책을 읽는 여러분에게도 선물하고 싶습니다. 조금씩 천천히 떠나보세요, 종이접기로 수학을 할 수 있습니다. 그리고 종이를 접을 때마다 우리는 실은 수학을 한답니다.

2023년 이대영

차례

머리말　i

Ⅵ. 정확히 접을까? 잘 접을까?　1
～ 정다각형 접기에 대한 이야기 ～

1. 종이접기 책 속 정다각형 접기　3
2. 종이접기 책은 정다각형을 접었을까?　9
3. 종이접기 책은 정오각형을 접었을까?　18
4. 새로운 정삼각형 접기 : 최대넓이 정삼각형　32
5. 정육각형 접는 새로운 방법들　35
6. 최대넓이 정팔각형 접기　42
7. 정확한 정오각형을 접는 방법들　47

Ⅶ. 작도의 한계를 넘어서　65

1. 작도불능문제와 종이접기　67
2. 일차방정식과 종이접기　73
3. 이차방정식과 작도 그리고 종이접기　74
4. 삼차방정식과 작도 그리고 종이접기　79
5. 정다각형과 삼차방정식　83

참고문헌　92

VI. 정확히 접을까? 잘 접을까?

~ 정다각형 접기에 대한 이야기 ~

도형은 접지도 않았는데, 참 많은 종이접기를 하고 왔네요. 드디어 도형을 한 번 접어봅시다. 그 시작은 바로 정다각형 접기입니다. 종이접기에서 정다각형 접기는 굉장히 중요합니다. 종이접기에선 정다각형 접기를 다양한 작품을 만드는 뼈대로 활용하고 있습니다. 또, 유닛 접기를 통한 별 모양의 작품인 쿠스다마(kusdama, クス玉)라는 입체를 만들 때, 그 유닛의 기본이 되어 주기도 합니다. 무엇보다도 정다각형 접기는 수학적인 성질을 정확히 생각하고 만들어야 하는 방법입니다.

시중에 나와 있는 종이접기 책들은 종이접기의 기초 접는 법들을 소개한 뒤, 정다각형 접기를 소개하는 경우가 많습니다. 책을 따라 접고 나면 정사각형의 색종이가 신기하게도 다른 정다각형으로 변해버립니다. 그런데 종이접기 책은 접는 법을 소개하지, 단계별로 접은 선의 수학적 원리를 설명하진 않습니다. 그러니 이런 의문도 한 번쯤은 품어볼 만합니다.

"정말 정다각형을 접었을까?"

천천히 종이를 접어 만들어 보겠습니다. 그리고 곰곰이 생각해보아요.

1. 종이접기 책 속 정다각형 접기

우선 시중에 나와 있는 종이접기 책, 혹은 종이접기 연수에서는 색종이를 접어서 정다각형을 접는 방법을 소개합니다. 꼼꼼히 살펴보시고 한 번 따라 접기도 하면서, 그 방법을 살펴보세요. 꼭 따라 접어보아야 합니다. 역시나 정사각형 종이 한 변의 길이는 1이라고 가정하겠습니다.

가. 정삼각형 접기

「초등 수학 공부를 위한 수학 종이접기」에서는 다음과 같은 정삼각형 종이접기 방법을 소개합니다. 한번 따라 접어보면서 우리가 앞서 살펴보았던 정삼각형 접기와 비교해 보세요.

[접는 법]

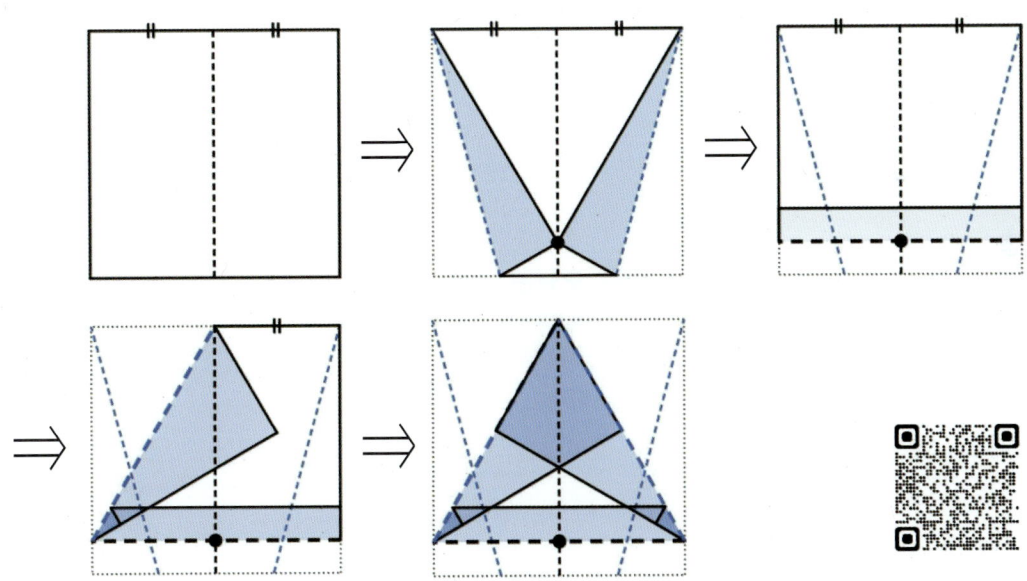

[종이접기 책 속 정삼각형 접기]
(https://www.geogebra.org/m/ehcfxufa#material/zepyvrdb)

컴퍼스 접기로 작도했었던 정삼각형 접기와 거의 똑같은 것을 볼 수 있죠? 쉽게 접도록 3단계에서 조금 위로 올리고 시작하는 것뿐입니다.

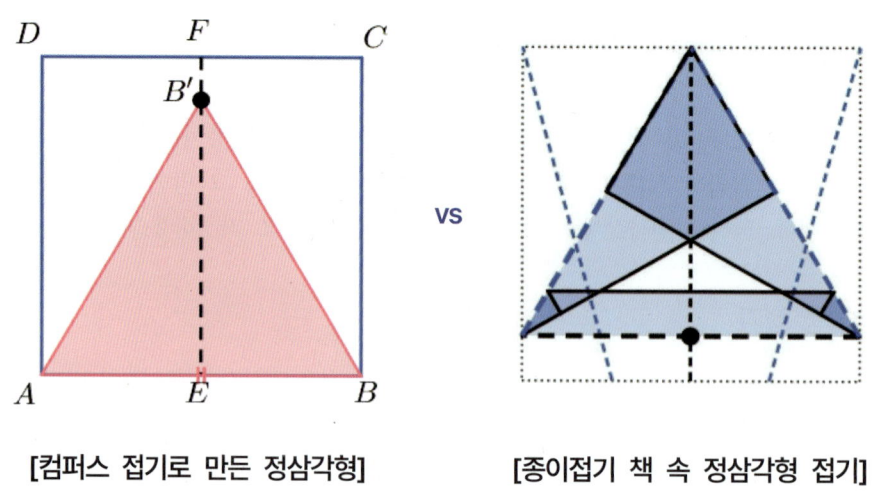

[컴퍼스 접기로 만든 정삼각형]   vs   [종이접기 책 속 정삼각형 접기]

그래도 한번 확인하고 가죠.

Q. 방금 접은 도형은 정삼각형이 맞나요?

나. 정육각형 접기

이번엔 정육각형 접기를 만들어봅시다. 정삼각형을 접은 다음에 다시 접으면 쉽게 만들 수 있겠지만, 종이접기 작품성은 떨어지겠죠? 역시 같은 책인 「초등 수학 공부를 위한 수학 종이접기」 에 실린 정육각형 접기입니다. 한번 따라 접어보세요.

[접는 법]

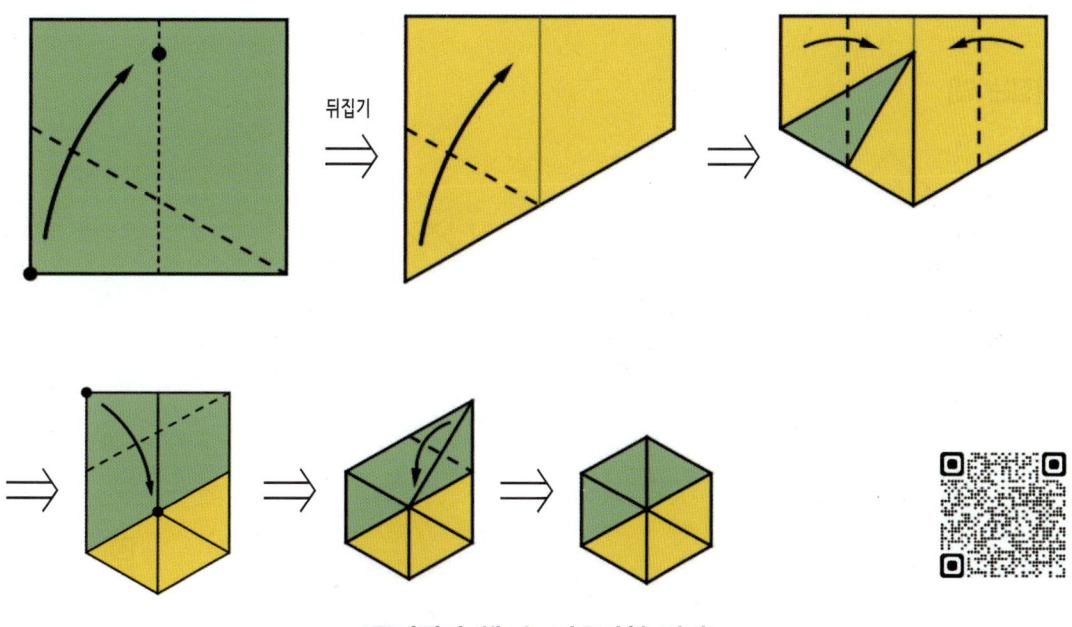

[종이접기 책 속 정육각형 접기]
(https://www.geogebra.org/m/ehcfxufa#material/jnezvhg4)

출처 : 초등 수학 공부를 위한 수학 종이접기(오영재)

정육각형의 내부가 6개의 정삼각형으로 분할된 예쁜 정육각형이 만들어졌습니다. 원래 종이접기 책에서는 한 번 더 뒤집어서 꾸미는 절차가 남아있지만, 그 부분은 생략했습니다. 새로이 정다각형을 접었으니 한번 생각하고 가야겠죠?

Q. 방금 접은 도형은 정육각형이 맞나요?

다. 정오각형 접기

순서를 바꿔서 이번엔 정오각형 접기입니다. 정오각형은 정육각형보다 만들어내기가 더 어렵습니다. 당최 수학시간에는 108° 또는 72°를 접는 법에 대해서 공부한 적이 없으니까요. 도형에 대해 가장 많이 탐구하는 중학교 수학 과정으로 알 수 있는 것은 30°, 60°를 만드는 방법 정도입니다. 삼각비를 이용해서요. 물론 삼각비를 이용하면 72°의 근사값을 찾는 것은 가능합니다.

의외로 종이접기 작가들은 정오각형을 쉽게 만들어냅니다. 이번에는 접는 법을 두 가지 소개하겠습니다. 꼼꼼히 보면서 한번 따라 접어보세요.

[접는 법]

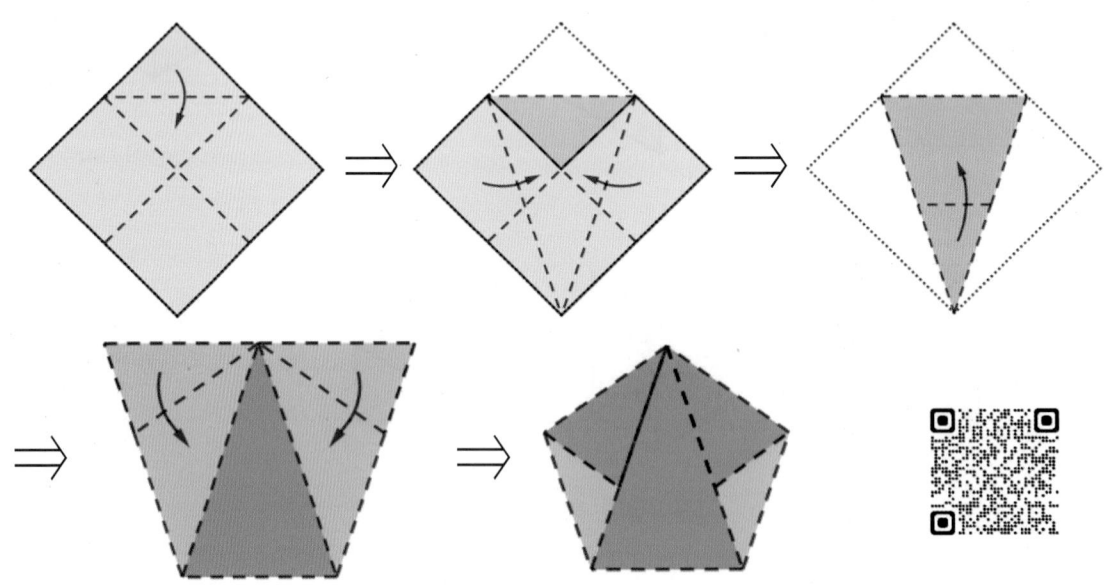

[종이접기 책 속 정오각형 접기 (1)]

(https://www.geogebra.org/m/ehcfxufa#material/tcgdwqz3)

출처 : Polyhedron Origami for Beginners (Miyuki Kawamura)

굉장히 복잡할 것으로 생각한 것과 달리, 종이를 사 등분 하는 것에서 출발해서 간단하게 정오각형을 접어냅니다. 만들어진 모습이 멋있지는 않지만, 상당히 쉽게 접는 것이 인상적입니다.

앞서 소개한 종이접기 책에서는 다른 방식을 소개하고 있습니다. 이 방법도 참 재미있습니다. 한번 따라 접어보세요.

[접는 법]

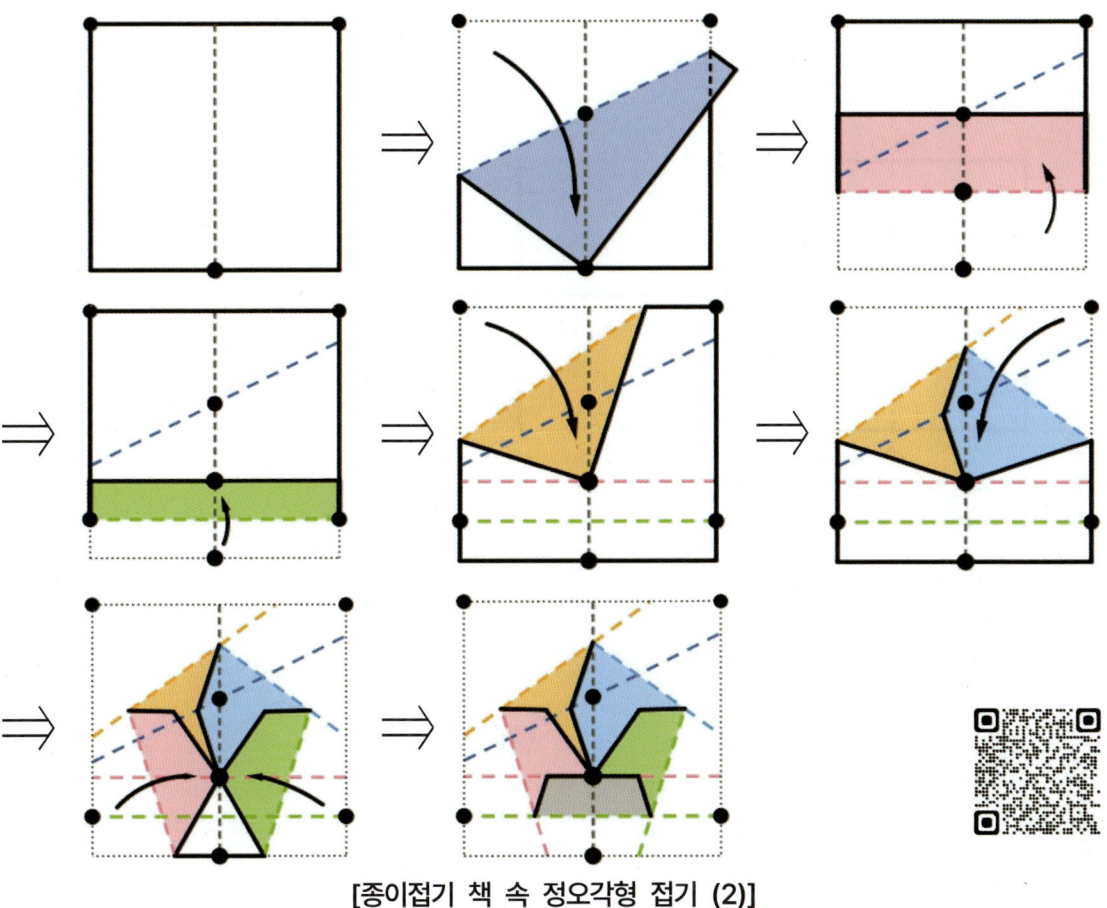

[종이접기 책 속 정오각형 접기 (2)]
(https://www.geogebra.org/m/ehcfxufa#material/endb8qa9)

출처 : 초등 수학 공부를 위한 수학 종이접기(오영재)

이번엔 앞서 접은 방법보다는 더 복잡해졌습니다. 하지만 그 복잡함 덕에 더 신뢰감이 가기도 합니다. 접은 선이 많아 더 복잡해 보이지만, 오각형이 예쁘게 나왔습니다. 다음 정다각형으로 넘어가기 전에 역시 한번 생각하고 가죠.

Q. 방금 접은 도형들은 모두 정오각형이 맞나요?

라. 정팔각형 접기

이번엔 정팔각형의 차례입니다. 정사각형을 어떻게 변형해 나가는지 관찰해보세요.

[접는 법]

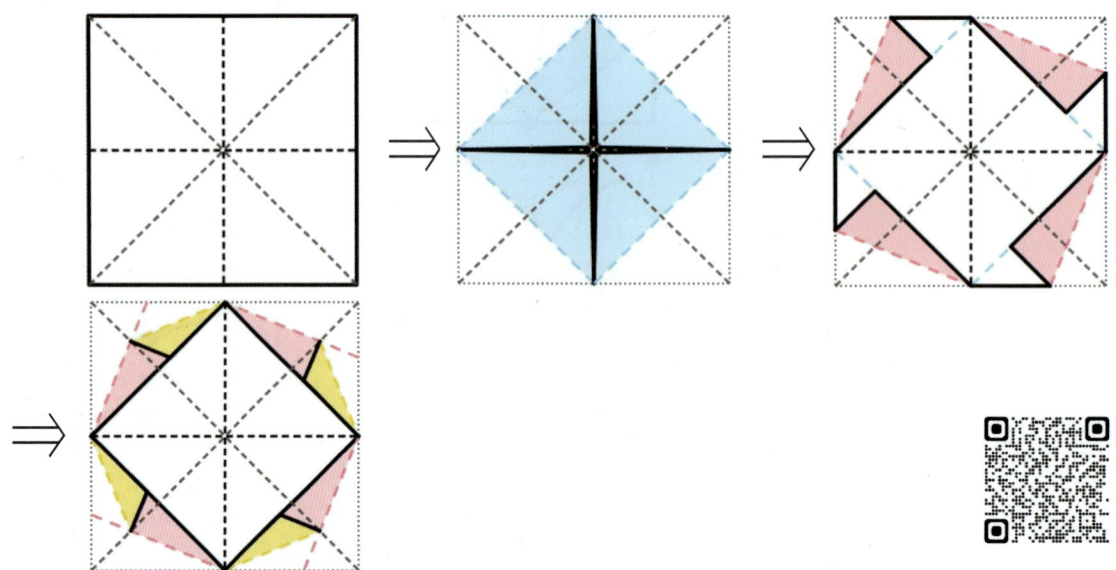

[종이접기 책 속 정팔각형 접기]
(https://www.geogebra.org/m/ehcfxufa#material/e2g3p8gr)

출처 : 초등 수학 공부를 위한 수학 종이접기(오영재)

금방 끝났습니다. 이번에도 한 번 생각하고 가죠.

Q. 방금 접은 도형은 정팔각형이 맞나요?

2. 종이접기 책은 정다각형을 접었을까?

계속 던진 질문에 대해 답을 해보셨나요? 왜 계속 물어보는지 싫지는 않으셨나요? 사람들은 누구나가 다른 사람들의 노력에 경의를 표하고 그에 대해 권위를 부여합니다. 저도 마찬가지입니다. 종이접기 또한 작가들은 얼마나 많은 작품을 만들고, 그것을 설명하고 강의하고, 책으로 펴기 위해 그림으로 다시 그려냈을까요? 서로 배우고 가르쳐주면서 그 아름다움에 감탄하고 더 나은 방법으로 개선하기 위해 노력해왔을지 상상도 가지 않습니다. 그러니 이런 생각이 드는 것도 당연합니다.

"전문가들이 만든 방법이니 의심할 여지가 없어!"

하지만 종이접기를 수학으로 바라본다면, 제일 처음에 해야 할 일은 "왜 그럴까?"이어야 할 것입니다. 어떤 논리에 의해, 어떤 아름다운 수식을 사용해서 완성되었을지를 생각하는 것이 수학이 아닐까요? 종이접기로 수학을 표현했다면, 그 결과물이 수학적으로 옳은지 바라보는 것이야말로 저자에 대한 존경의 표시라고 생각합니다.

가. 정삼각형 접기는 정삼각형을 접었을까?

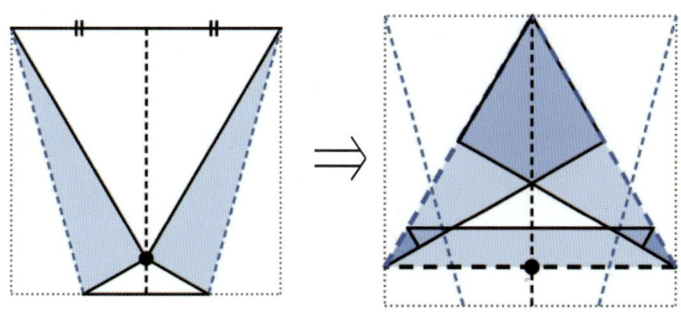

[정삼각형 접기의 핵심]

정삼각형 접기에서 가장 중요한 부분을 2개 고르면 위 그림들이 됩니다. 이제 저 상태로 접었을 때, 정삼각형이 정말로 되는지 한번 확인해봅시다.

[학인하기]

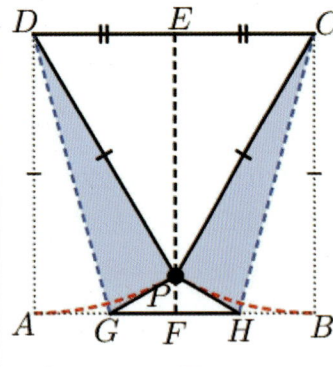

[2단계]

컴퍼스 접기 ⒟ $A \to \overline{EF}$ 와 ⒞ $B \to \overline{EF}$ 를 했기 때문에, $\overline{AD} = \overline{PD} = \overline{BC} = \overline{PC} = \overline{CD}$ 가 되어 △ CDP 는 정삼각형이다.

→ ∠ PDC = ∠ PCD = 60°

$\overline{DE} : \overline{EP} = 1 : \sqrt{3}$ 이므로 $\overline{EP} = \dfrac{\sqrt{3}}{2}$ 이 된다.

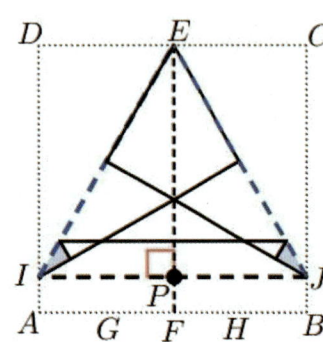

[5단계]

직사각형 □ $EDIP$ 에서 대각선의 길이는 서로 같다.

$\overline{EI} = \overline{DP} = 1$

같은 논리가 직사각형 □ $ECJP$ 에서도 성립하므로

$\overline{EJ} = \overline{CP} = 1$

직사각형 □ $IABJ$ 에서 두 대변의 길이는 같으므로

$\overline{IJ} = \overline{AB} = 1$

따라서 $\overline{EI} = \overline{IJ} = \overline{EJ} = 1$ 이므로 △ EIJ 는 정삼각형이 된다. ∎

앞서 예상한 것과 같네요. 여기에서 접은 △EIJ은 정삼각형입니다. 「종이접기 책 속 정삼각형 접기」는 「컴퍼스 접기」로 만든 정삼각형을 위로 조금 평행이동시킨 것입니다.

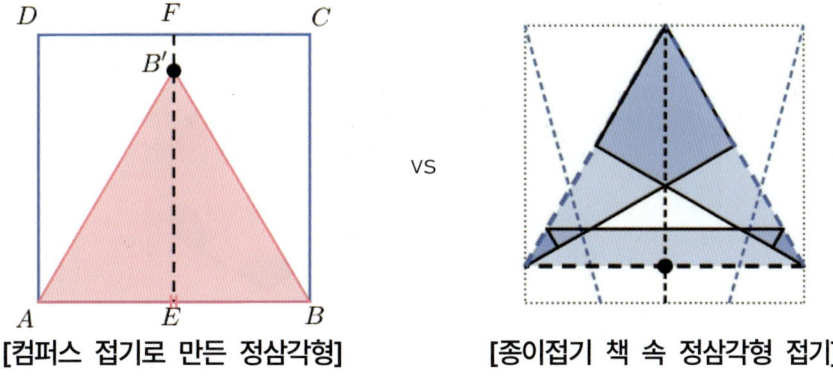

[컴퍼스 접기로 만든 정삼각형]   vs   [종이접기 책 속 정삼각형 접기]

지금 확인한 △EIJ는 $\overline{PF} = 1 - \overline{EP} = 1 - \frac{\sqrt{3}}{2} = 1 - \sin 60°$ 만큼만 위로 올려서 접은 것에 불과합니다. 시작이 좋습니다. 계속해서 다른 다각형도 살펴보도록 하죠.

나. 정육각형 접기는 정육각형을 접었을까?

이번엔 정육각형의 차례입니다. 「종이접기 책 속 정육각형 접기」는 정말로 정육각형을 접은 것일까요? 먼저 하나 여쭤보죠? 정육각형을 접었을 때, 예쁘게 나왔나요? 아니면 조금 못생기게 나왔나요? 열심히 접었지만 저처럼 모서리가 딱 떨어지지 않거나 하지는 않았나요? 종이가 틀어지는 경우는 종이접기에서 흔한 일이니 여러분의 솜씨가 부족하다고 생각하지는 않았나요?

[모서리가 딱 맞지 않는 상황]   [약 1㎜정도 어긋난 육각형의 중심]

일단, 단계별로 볼 때는 큰 문제가 없어 보입니다. 그런데 노파심에 한번 정육각형의 모든 내각의 크기를 지오지브라로 측정해 보았습니다.

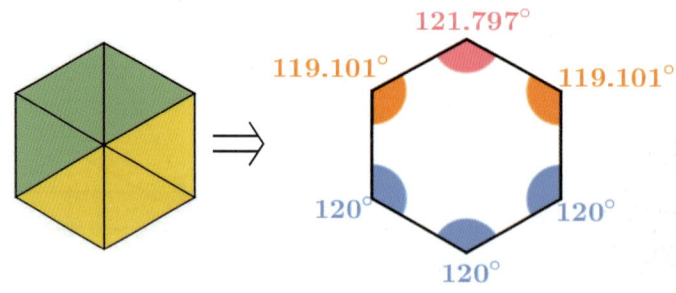

[종이접기로 만든 정육각형의 내각]

아니 이게 뭐죠? 정육각형을 접었다고 생각했는데, 내각의 크기가 120°가 아닌 각이 3개나 있다니! 너무 감쪽같아서 몰랐던 것이었네요. 왜 이런 일이 발생했을까요? 한번 종이접기 단계를 꼼꼼히 보고 이상이 있는 부분을 찾아야 할 것 같습니다. 다시 한번 정육각형 접기를 펼쳐 놓고 그냥 넘어간 부분을 찾아보겠습니다.

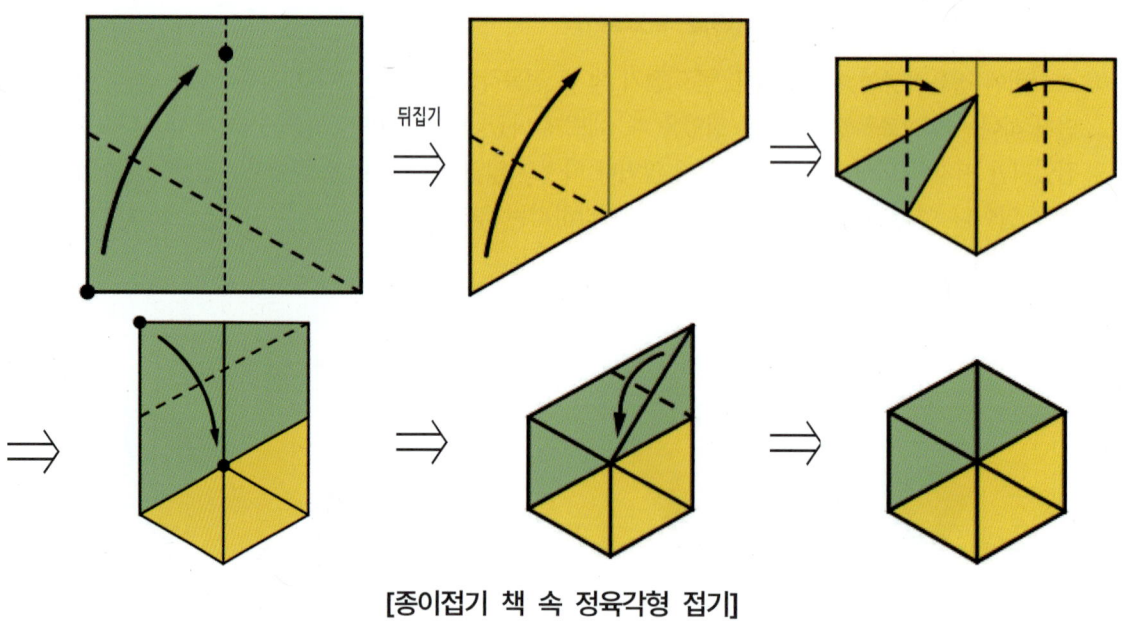

[종이접기 책 속 정육각형 접기]

어디인지 찾으셨나요? 정말 그럴듯하게 접어가기 때문에 찾기 어렵습니다. 모든 과정을 의심하고 하나씩 계산하면서 찾아보세요.

정답 공개합니다. 정육각형 접기에서 오류가 처음 시작하는 부분은 바로 여기입니다.

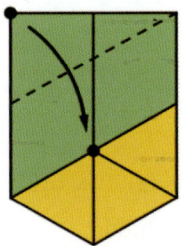

[정육각형 속 오류 발생지점 : 4단계]

왜 저렇게 접으면 오류가 생기는지 확인해보죠.

[정육각형 접기 속 오류]

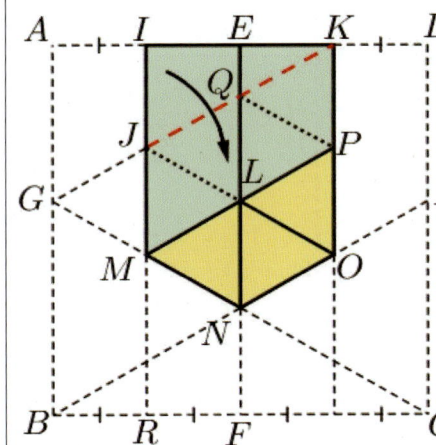

목표 : ∠IJK를 확인한다.

1단계에서 접었던 $\overline{GC}$는 ⓒ$B \to \overline{EF}$라는 컴퍼스 접기를 이용해서 점B를 중선 위로 옮기는 정삼각형 접기였다. 따라서 ∠$GCB=30°$, ∠$CGB=60°$가 된다.

△MRC에서
$$\overline{MR}:\overline{RC}=1:\sqrt{3}=\overline{MR}:\frac{3}{4} \to \overline{MR}=\frac{\sqrt{3}}{4}$$

$$\overline{JM}=\overline{MN}=\frac{1}{4}\overline{GC}=\frac{1}{4}\times\frac{2}{\sqrt{3}}=\frac{\sqrt{3}}{6}$$

$$\therefore \overline{IJ}=\overline{IR}-\overline{MR}-\overline{JM}=1-\frac{\sqrt{3}}{4}-\frac{\sqrt{3}}{6}=\frac{12-5\sqrt{3}}{12}$$

또한 I와 K가 각각 $\overline{AE}$, $\overline{ED}$의 중점이므로 $\overline{IK}=\frac{2}{4}=\frac{1}{2}$이다.

$\overline{IJ}, \overline{IK}$를 이용해 직각삼각형 △$JIK$에서 ∠$KJI$를 확인할 수 있다.

$$\to \tan(\angle KJI)=\frac{\overline{IK}}{\overline{IJ}}=\frac{\frac{1}{2}}{\frac{12-5\sqrt{3}}{12}}=\frac{6}{12-5\sqrt{3}}=\frac{24+10\sqrt{3}}{23}\neq\sqrt{3}$$

∴ ∠$KJI \neq 60°$다. ∎

Ⅵ. 정확히 접을까? 잘 접을까? ~정다각형 접기에 대한 이야기~

실제로 $\tan(\angle KJI) = \dfrac{24+10\sqrt{3}}{23}$ 의 값을 이용해서 $\angle KJI$를 구하면,

$$\tan^{-1}\left(\dfrac{24+10\sqrt{3}}{23}\right) \fallingdotseq 60.899°$$

$\angle KJI \fallingdotseq 60.9°$를 얻을 수 있습니다. $60°$는 아니지만 $60°$에 매우 가까운 값이죠. 그러니 이 부분을 접을 때 착각하는 것도 무리는 아닙니다.

만약 $\angle KJI = 60°$라면 이 종이접기의 접은 선은 모두 아래 그림처럼 나타나야 합니다.

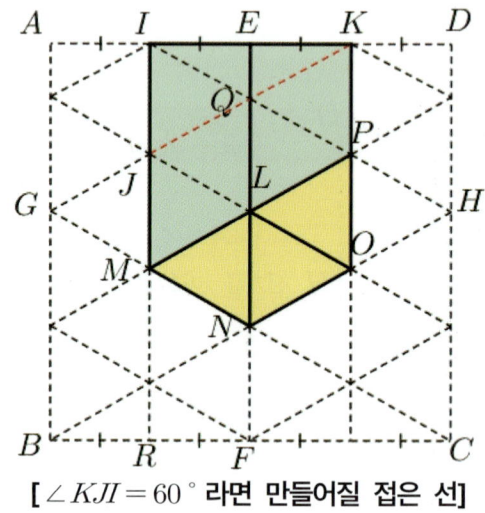

[$\angle KJI = 60°$라면 만들어질 접은 선]

먼저, $\overline{EF}$에서 $\overline{EQ} = \dfrac{1}{2}\overline{QL} = \dfrac{1}{7}\overline{EF} = \dfrac{1}{7}$가 됩니다. 따라서 $\overline{IJ} = \dfrac{2}{7}$. 또한 $\overline{IK} = \dfrac{1}{2}$가 되죠. 그래서 $\tan 60° = \sqrt{3}$의 근사값을 구할 수 있습니다.

$$\sqrt{3} = \tan 60° \fallingdotseq \tan(\angle KJI) = \dfrac{\overline{IK}}{\overline{IJ}} = \dfrac{\dfrac{1}{2}}{\dfrac{2}{7}} = \dfrac{7}{4}$$

$\sqrt{3} = 1.732\cdots$이고 $\dfrac{7}{4} = 1.75$이니 꽤 비슷하죠? 수학의 역사 속에서 무리수를 연구하기 위해 연구하던 것 중엔 펠 방정식이란 것이 있습니다. 7과 4는 $\sqrt{3}$을 근사하기 위한 펠 방정식의 첫 번째 해가 된다고 합니다.[1]

---

[1] 박부성, 페이스북 댓글 "(7,4)가 펠 방정식 $x^2 - 3y^2 = 1$의 정수해니까, $\dfrac{7}{4}$가 $\sqrt{3}$의 좋은 근사해입니다."

<참고자료 : 펠 방정식(Pell's equation)>

n이 1 이상의 정수일 때, 펠 방정식은 다음과 같은 x, y에 대한 디오판토스 방정식입니다.
$x^2 - ny^2 = 1$, (x, y는 자연수)

디오판토스 방정식은 정수로 된 해만을 허용하는 부정 다항 방정식을 말합니다. 따라서 펠 방정식을 해결한다는 것은 펠 방정식을 만족하는 정수쌍 (x, y)를 찾는다는 뜻이 됩니다.

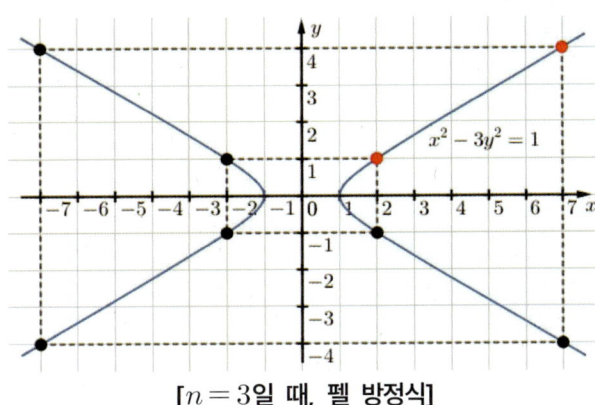

[$n = 3$일 때, 펠 방정식]

이 방정식을 정리하면 $\sqrt{n} = \sqrt{\dfrac{x^2-1}{y^2}} \fallingdotseq \dfrac{x}{y}$가 됩니다. 즉, 펠 방정식의 해는 $\sqrt{n}$의 근사값이 되는 것을 알 수 있습니다.

이 방정식 $x^2 - ny^2 = 1$은 이러한 꼴의 방정식의 해를 구하고자 연구했던 영국의 수학자 펠(Pell.J 1611~1685)의 이름을 따서 오일러(Euler,L, 1707~1784)가 이름 붙였습니다. 재미있는 것은 유럽에서 제일 먼저 일반해를 구한 브렁커(Brouncker, L, 1620~1684)의 이름과 펠의 이름을 오일러가 착각하여 잘못 인용하면서 시작되었다는 점입니다.

펠 방정식의 해는 다음의 과정을 통해서 구할 수 있습니다.

> **정리.** 만일 (x_1, y_1)과 (x_2, y_2)가 방정식 $x^2 - ny^2 = 1$의 근이면
> $(x_1 x_2 + n y_1 y_2, \; x_1 y_2 + x_2 y_1)$도 방정식의 근이 된다.

(예) $n = 3$일 때, $(7, 4)$가 $(1, 0)$을 제외한 $x^2 - 3y^2 = 1$의 첫 번째 자연수해입니다.
$(x_1, y_1) = (7, 4)$, $(x_2, y_2) = (7, 4)$로 잡고 위 을 사용하면,
→ $(x_1 x_2 + n y_1 y_2, \; x_1 y_2 + x_2 y_1) = (49 + 3 \times 16, \; 28 + 28) = (97, 56)$

$(97, 56)$도 $x^2 - 3y^2 = 1$의 해가 됩니다.

실제로 $\dfrac{97}{56} = 1.73214\cdots$로 $\sqrt{3} = 1.73250\cdots$에 가까운 값임 확인할 수 있습니다.

출처 : 네이버 수학백과 "펠 방정식"

국내에 출판된 다른 종이접기 책에서 찾아보면, 이 오류를 그대로 반영해서 실은 경우가 또 있습니다. 당연한 이야기이지만 어떤 책은 이 오류가 일어나지 않도록 60°에 정확히 맞추어서 접어 나가기도 합니다. 60°에 맞추어서 종이를 접을 경우 아래와 같이 만들어집니다.

[각도를 지켜 접는 법]

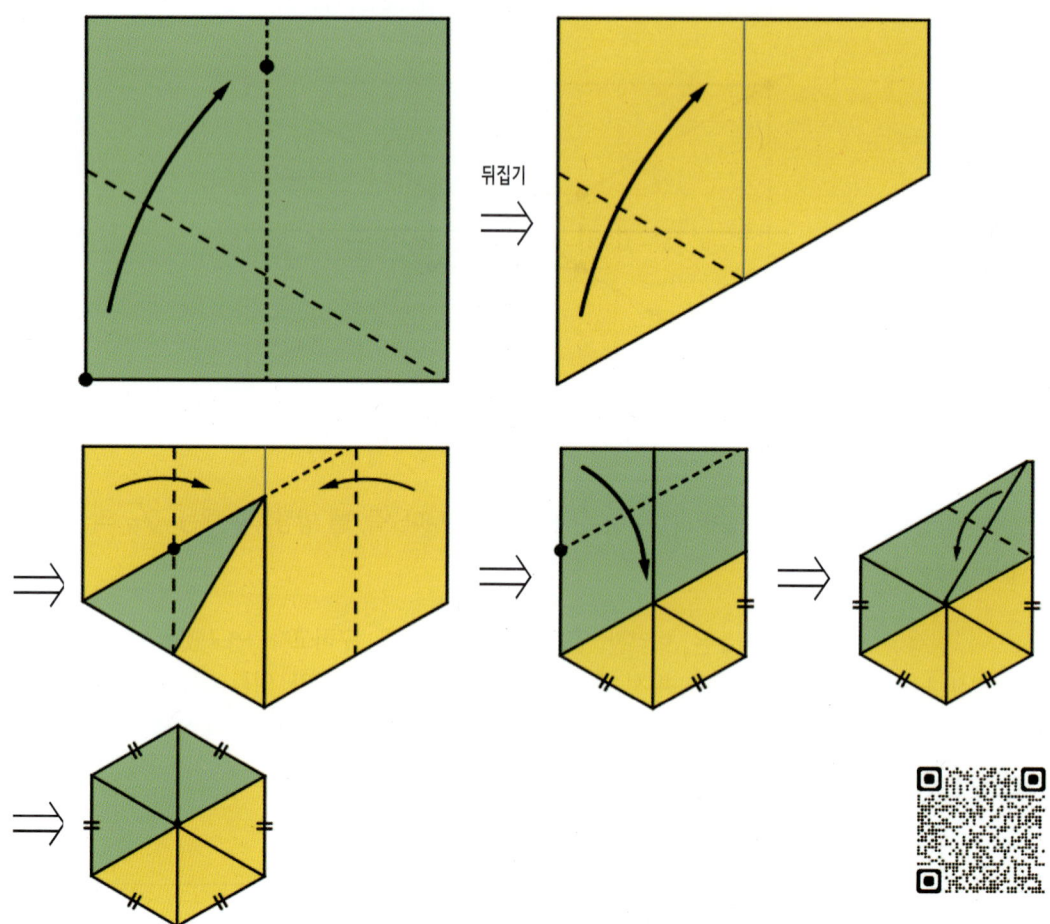

[60°를 지켜서 만든 정육각형 접기]
(https://www.geogebra.org/m/ehcfxufa#material/s4k25fpv)

조금 달라진 차이가 보이시나요? 앞서 딱 맞지 않았던 모서리는 5단계 그림을 보면 당연하였습니다. 그러니 중심부에서 모든 선분이 딱 모이지 않는 것도 당연하고요.

"우리가 솜씨가 없는 것이 아닙니다. 종이접기가 틀렸던 것입니다."

다. 정팔각형 접기는 정팔각형을 접었을까?

정오각형 접기는 나눌 이야기가 많으니 뒤로 미루고 정팔각형부터 살펴보겠습니다. 정팔각형의 각 변의 길이가 같고, 한 내각의 크기가 $\frac{180°(8-2)}{8}=135°$ 인지 확인하면 됩니다. 한번 확인해보죠.

[확인하기]

(1) ∠FCG, ∠BFC 구하기
△ABC, △EDC는 모두 직각이등변삼각형
∠BCA = ∠DCA = 45°, ∠BCD = 90°
각이 이등분되도록 종이를 접었으니,
∠BCF = $\frac{1}{2}$∠BCA = 22.5° 이고
∠DCG = $\frac{1}{2}$∠DCE = 22.5° 이므로
∠FCG = 135° 이다.
또한, △BCF에서 ∠BCF = ∠CBF = 22.5°이므로 ∠BFC = 135°이다.

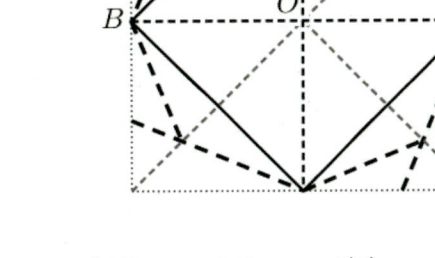

(2) $\overline{CF} = \overline{BF}$ 보이기
△ABC는 직각이등변삼각형이므로 ∠CBA = 45°
역시 각이 이등분되도록 접었으므로 ∠FBC = $\frac{1}{2}$∠ABC = 22.5°
∠FBC = ∠FCB이므로 △FBC는 이등변삼각형이다.
따라서 $\overline{CF} = \overline{BF}$ 이다.

(3) $\overline{BC} = \overline{CD}$ 이고 ∠FBC = ∠FCB = ∠GCD = ∠GDC 이므로
△FBC ≡ △GCD 이 된다.
∴ $\overline{BF} = \overline{FC} = \overline{CG} = \overline{GD}$

(4) 원래 정사각형의 변 위에 놓인 팔각형의 다른 꼭짓점에서도 같은 논리를 적용하면 팔각형의 모든 변의 길이는 같고, 그 내각은 모두 135° 가 됨을 확인할 수 있다. ■

네, 다행히도 정팔각형은 문제없이 접은 것을 확인할 수 있습니다.

3 종이접기 책은 정오각형을 접었을까?

미뤄두었던 정오각형 접기에 대해서 하나씩 살펴봅시다. 정오각형 접기가 올바르게 되었는지 알기 위해서는 우선 정오각형에 대한 사전지식이 필요합니다.

가. 정오각형이 가진 성질들

1) 정오각형의 내각과 중심각

정오각형과 그 외접원을 그린 다음, 정오각형의 내각의 크기와 중심각을 각각 구하면 108°, 72°가 됨이 잘 알려져 있습니다.

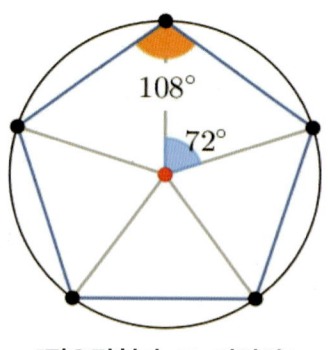

[정오각형과 그 외접원]

정오각형의 내각과 중심각

정오각형의 한 내각의 크기를 구하면 $\dfrac{180° \times (5-2)}{5} = 108°$ 이고,

중심각의 크기는 360°를 5등분한 $360° \div 5 = 72°$ 이다. ■

2) 정오각형의 대각선이 만드는 각도

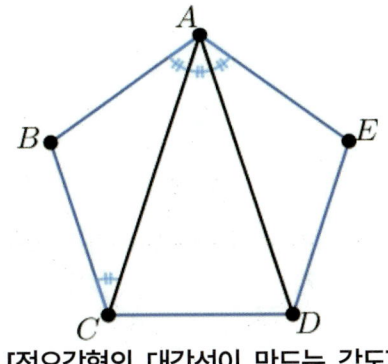

[정오각형의 대각선이 만드는 각도]

한 꼭짓점 A에서 다른 꼭짓점 C, D에 대각선을 그렸을 때 각 $\angle A$를 분할한 세 각은 $\angle BAC = \angle CAD = \angle DAE$가 되는 성질이 있습니다.

정오각형의 내각을 3등분하는 대각선

$\overline{AB} = \overline{BC} = \overline{DE} = \overline{EA}$ 이고 $\angle B = \angle E$ 이므로 $\triangle BCA \equiv \triangle EAD$이고,
이 삼각형들은 이등변삼각형이다.
따라서 $\angle BAC = \angle BCA = \angle EAD$이다.

$\triangle BCA$에서 $\angle B = 108°$ 이므로 $\angle BAC = \dfrac{1}{2} \times (180° - 108°) = 36°$

$\rightarrow \angle BAC = \angle BCA = \angle EAD = 36°$

또한 $\angle CAD = 108° - \angle BAC - \angle EAD = 36°$

$\therefore \angle BAC = \angle CAD = \angle EAD = 36°$ ∎

3) 정오각형 속의 황금비

정오각형의 대각선의 길이과 정오각형의 한 변의 길이, 정오각형의 두 대각선이 만드는 선분들은 황금비를 이룹니다.

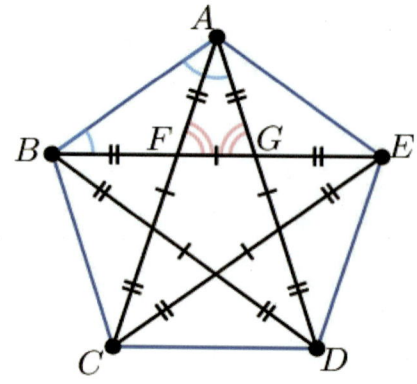

[정오각형의 대각선과 황금비]

$$\overline{AB} : \overline{BE} = \overline{BG} : \overline{BE} = \overline{BF} : \overline{BG} = 1 : \phi$$

정오각형 속 황금비

점 A를 기준으로 $\angle ABF = \angle BAF = \angle FAG = 36°$이므로
→ $\angle AGB = 180° - \angle FAB - \angle BAG = 180° - 3 \times 36° = 72°$
→ $\angle AFG = \angle ABF + \angle BAF = 72°$

같은 논리를 정오각형의 다른 꼭짓점에서도 적용하면 위 그림과 같이 같은 길이를 표시할 수 있다.

이때, $\overline{BF} = a$, $\overline{FG} = b$라고 하자. △BGA와 △AFG는 서로 닮음이므로
$\overline{BG} : \overline{AF} = \overline{AG} : \overline{FG}$ → $a+b : a = a : b$

따라서 $\overline{AG} : \overline{FG} = \overline{BF} : \overline{FG} = a : b = \phi : 1$ 임을 알 수 있다.

또한 △ABF와 △BEA 도 서로 닮음이다.
따라서 $\overline{AB} : \overline{BE} = \overline{BF} : \overline{AB} = a : a+b = 1 : \phi$ 임도 알 수 있다. ∎

지금까지 3가지 이야기를 정리하면 이렇습니다.

> **정오각형의 성질**
>
> ① 정오각형의 한 내각의 크기는 108°, 중심각 및 외각의 크기는 72°가 된다.
> ② 정오각형의 대각선은 내각을 3등분하고 그 3등분 된 각의 크기는 36°가 된다.
> ③ 정오각형의 서로 다른 두 대각선은 서로를 황금비율로 분할한다.
>   정오각형의 변과 대각선은 황금비를 이룬다.

여기서 황금비율 ϕ를 구하거나 36°, 72°, 108°의 삼각함수 값을 구한다면 정오각형을 작도하거나 접어서 만들 수 있을 것 같습니다. 거꾸로 이 점을 이용하지 않았다면, 수학적으로 정확하지 않은 정오각형을 접었을 것입니다. 이 점에 근거해서 한번 살펴보겠습니다.

나. 종이접기 책 속 정오각형 접기 (1)

우선 앞서 보았던 「종이접기 책 속 정오각형 접기」가 정말로 정말로 정오각형을 접었을까요? 미리 살펴본 정오각형의 특징에 근거해서 이상이 있는지 없는지를 따져봅시다. 길이비가 황금비가 되는 지를 살펴보아야 할 수도 있고, 각의 크기를 측정해야 할 수 도 있습니다.

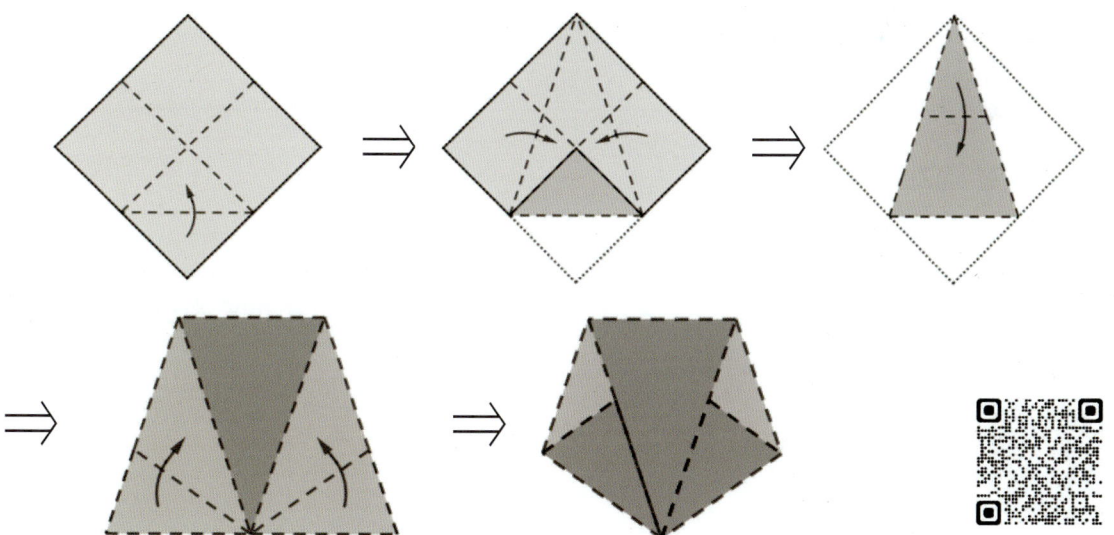

[종이접기 책 속 정오각형 접기 (1)]
(https://www.geogebra.org/m/ehcfxufa#material/tcgdwqz3)
출처 : Polyhedron Origami for Beginners (Miyuki Kawamura)

Q. 이 정오각형 접기는 정말로 정오각형을 접었나요?

네, 따로 빼놓고 살펴보는 것에서 이미 눈치를 채셨겠지만, 아닙니다. 역시나 정오각형의 각도를 측정하면 아래와 같습니다.

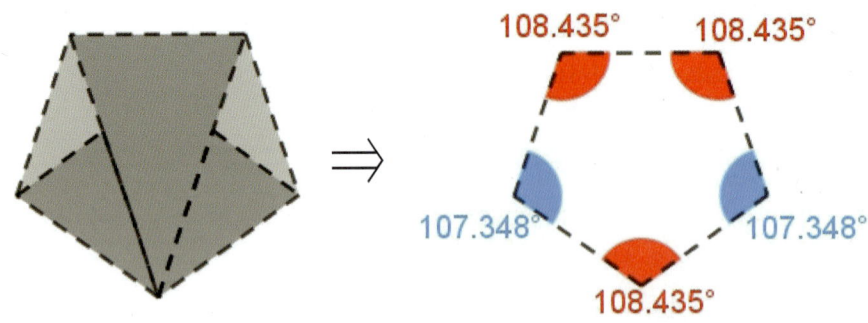

[종이접기로 만든 오각형의 내각의 크기]

이번엔 「종이접기 책 속 정육각형 접기」 때보다 더 오차가 크네요. 지난번 정육각형 접기가 3개의 내각은 120°로 이상이 없고, 3개의 내각만 달랐으니 중간에 오류가 생겼다고 판단했습니다. 하지만 이번엔 모든 각이 다르네요. 이번엔 아예 잘못 접었다고 생각해도 될 것 같습니다. 이번 자, 그럼 어째서 정오각형이 되지 못할까요?

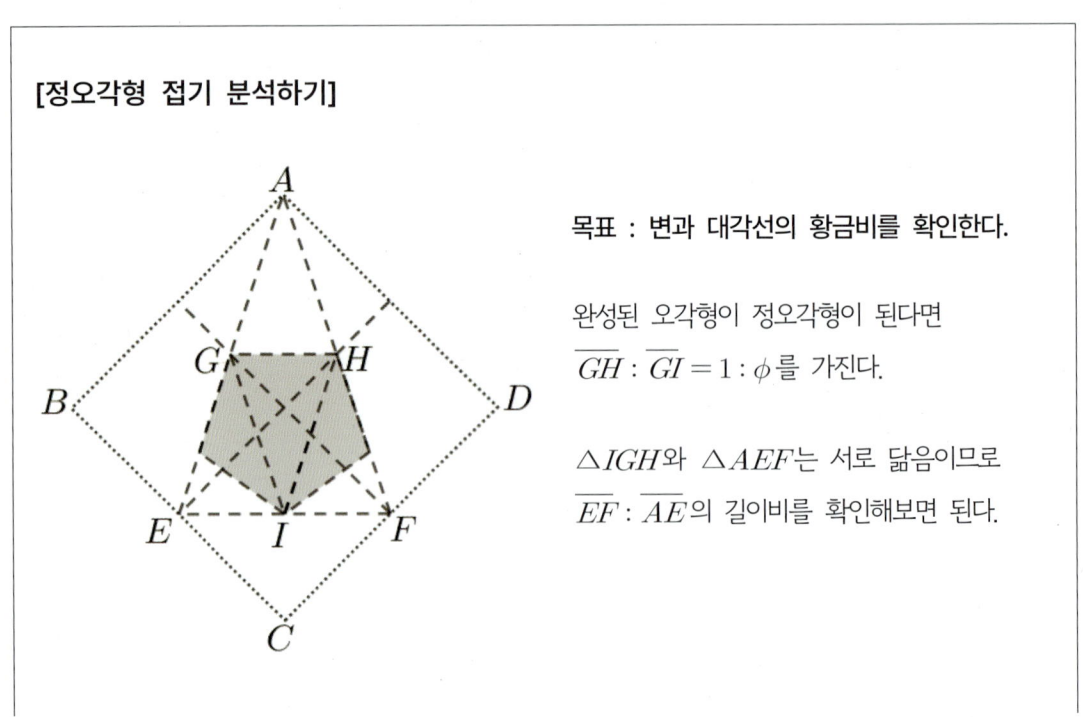

[정오각형 접기 분석하기]

목표 : 변과 대각선의 황금비를 확인한다.

완성된 오각형이 정오각형이 된다면
$\overline{GH} : \overline{GI} = 1 : \phi$를 가진다.

△IGH와 △AEF는 서로 닮음이므로
$\overline{EF} : \overline{AE}$의 길이비를 확인해보면 된다.

(1) △ABE가 직각삼각형이고 $\overline{AB} = 1$이므로 $\overline{AE} = \dfrac{\sqrt{5}}{2}$

(2) △ECF가 직각이등변삼각형이고 $\overline{EC} = \dfrac{1}{2}$이므로 $\overline{EF} = \dfrac{\sqrt{2}}{2}$

(3) △ABE는 직각삼각형이고 $\overline{AB} = 1$, $\overline{BE} = \dfrac{1}{2}$이므로 $\overline{AE} = \dfrac{\sqrt{5}}{2}$

(4) $\overline{EF} : \overline{AE} = \dfrac{\sqrt{2}}{2} : \dfrac{\sqrt{5}}{2} = 1 : \dfrac{\sqrt{10}}{2} \neq 1 : \phi$

따라서 $\overline{GH} : \overline{GI} = 1 : \phi$가 아니므로 접어낸 오각형은 정오각형이 아니다. ■

실제로 $\overline{EF} : \overline{AE} = \sqrt{2} : \sqrt{5} ≒ 1 : 1.5811$정도로 황금비율 $\phi = 1.618\cdots$보다 작은 값입니다. 소수로 보면 0.37정도의 차이지만, 이보다 더 가까운 1.6도 쉽게 만들 수 있으니 실제론 많이 차이가 나게 접는 방법입니다.

이 종이접기는 어떻게 해서 만들어졌을까요? 예부터 내려오는 종이접기 방법 중 뾰족한 예각삼각형이 나타나는 종이접기로는 **「종이학 접기」**가 있습니다. 이 방법을 「정오각형 접기」처럼 이용하면 역시 뭉툭한 모양의 오각형을 만들 수 있습니다.

이런 상상을 해봅니다.

종이접기를 좋아하는 어떤 사람이 종이학을 이리저리 가지고 놀다가 변형해서 뭉툭한 오각형을 접었습니다.

'각도를 충분히 좁히면 정오각형을 만들 수 있을 것 같은데….'

그 사람은 삼각형을 더 뾰족하면서도 쉽게 만드는 것을 생각하다 꼭짓점과 중점을 잇는 대각선을 접습니다. 그리고 접어본 결과가 충분히 비슷한 것을 보고 생각했을 것입니다.

"좋았어! 정오각형을 접어냈어!"

| 종이학 접기 | 종이학 접기를 변형한 오각형 접기 | 정오각형 접기 (1) |

하가(1999)에 따르면 이 종이접기는 일본의 종이접기 전문가 카사하라 쿠니히코(笠原邦彦, 1941~)가 낸 책에 "별님으로부터의 편지"라는 이름으로 실렸다고 합니다. 별님으로부터의 편지라니 너무 낭만적이지 않나요?

다. 종이접기 책 속 정오각형 접기 (2)

이번엔 다른 「종이접기 책 속 정오각형 접기 (2)」를 살펴보죠. 이번 종이접기는 혹시 잘 접어냈을까요? 한번 접는 과정을 천천히 살펴보세요. 정오각형이 맞나요?

[접는 법]

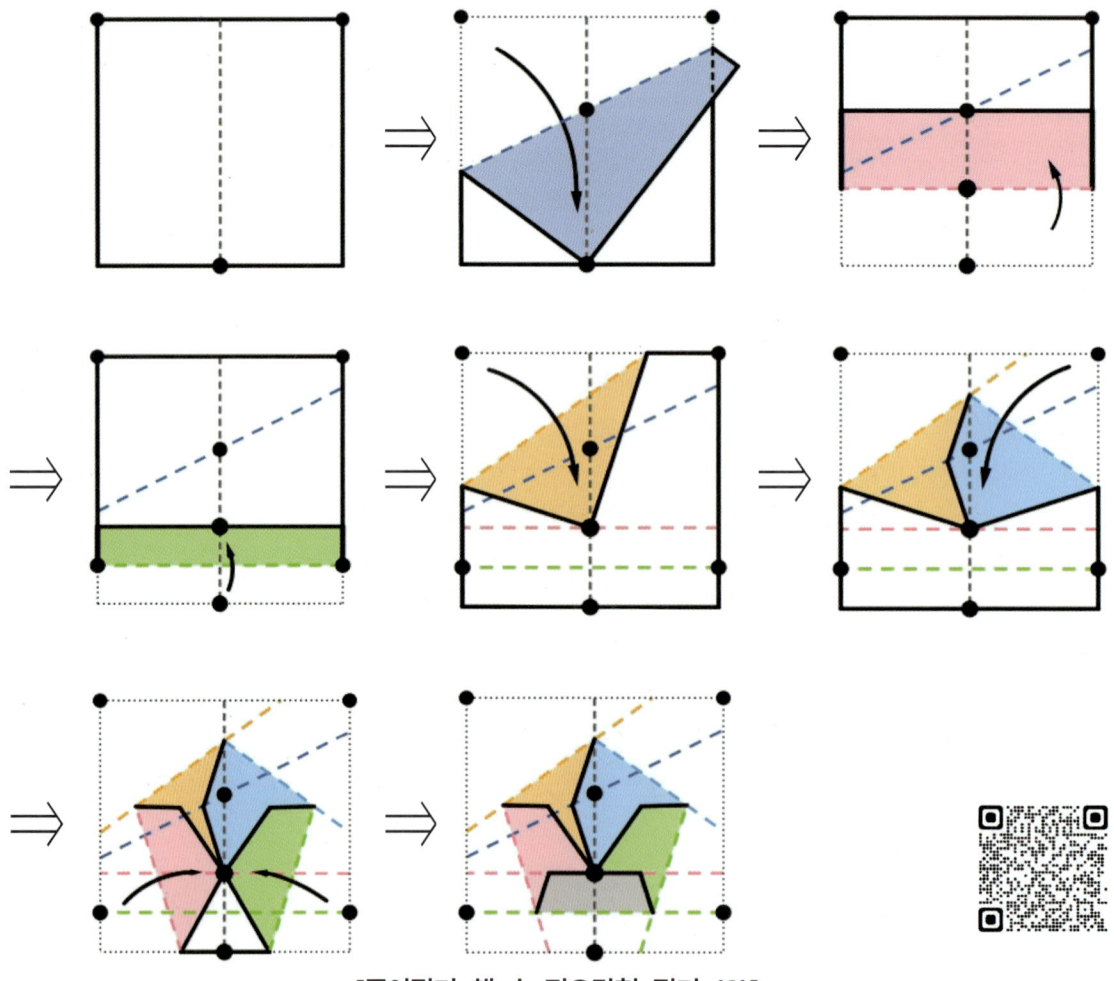

[종이접기 책 속 정오각형 접기 (2)]
(https://www.geogebra.org/m/ehcfxufa#material/endb8qa9)

출처 : 초등 수학 공부를 위한 수학 종이접기(오영재)

질문의 답은 찾으셨나요? 네, 아쉽지만 아닙니다. 역시 지오지브라로 정오각형의 각도부터 확인해보죠.

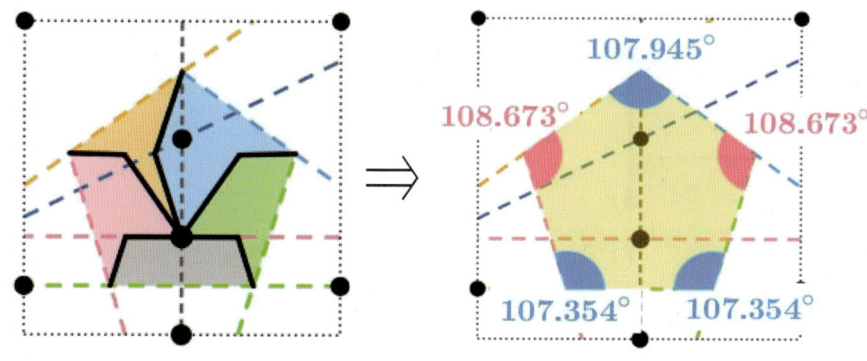

[종이접기(2)로 만든 오각형의 내각의 크기]

이 종이접기 방법 역시 정오각형의 내각 108°를 만들지 못하고 있습니다. 모든 각의 크기가 전부 작게는 0.05° 정도에서 0.65° 정도까지 차이가 나고 있네요. 즉, 이 **「정오각형 접기(2)」** 역시 처음부터 정오각형을 접지 못하는 접기 방법임을 알 수 있습니다.

그렇다면 이 「정오각형 접기(2)」는 정오각형과 유사한 오각형을 만들기 위해 어떤 선들을 접은 것일까요? 앞서 「정육각형 접기」 속 접은 선이 실제로 $\sqrt{3}$에 대한 근사값이고, 「정오각형 접기(1)」이 ϕ와 비슷한 값을 찾는 방법이었던 것처럼, 이번 역시 좋은 근삿값을 찾기 위한 노력이 분명합니다. 어떤 값을 대체하기 위한 근삿값이었을까요? 한번 접은 선을 분석해봅시다.

[정오각형 접기(2) 분석하기]

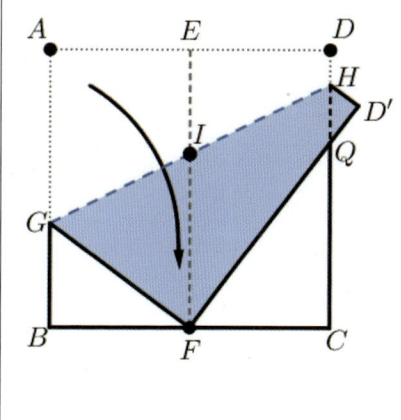

[1단계]

「하가의 제1 정리」를 접었다. 앞서 이 경우에 △GBF가 3:4:5의 길이비를 갖는 직각삼각형이 됨을 확인하였다.

$\overline{BF} = \dfrac{1}{2}$이고 $\overline{GB} : \overline{BF} = 3 : 4$이니 $\overline{GB} = \dfrac{3}{8}$

또한 $\overline{GH}$는 $\overline{AF}$에 수직이므로 기울기는 $\dfrac{1}{2}$이다.

$\overline{CH} = \overline{BG} + \dfrac{1}{2} \times \overline{BC} = \dfrac{3}{8} + \dfrac{1}{2} \times 1 = \dfrac{7}{8}$

$\therefore \overline{IF} = \dfrac{1}{2}(\overline{BG} + \overline{CH}) = \dfrac{5}{8}$

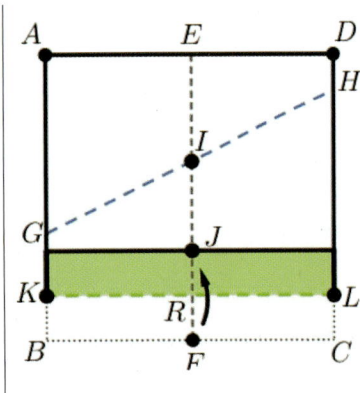

[2~3단계]

J는 $\overline{IF}$의 중점이므로 $\overline{IJ} = \overline{JF} = \dfrac{5}{16}$

R는 $\overline{JF}$의 중점이므로 $\overline{JR} = \overline{RF} = \dfrac{5}{32}$

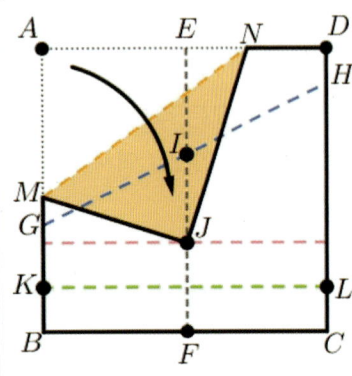

[4단계] 정오각형의 한 변을 이루는 선 접기

$\overline{EJ} = 1 - \overline{JF} = 1 - \dfrac{5}{16} = \dfrac{11}{16}$, $\quad \overline{AE} = \dfrac{1}{2}$

$\overline{AJ}$의 기울기를 구하면 $\dfrac{-\dfrac{11}{16}}{\dfrac{1}{2}} = -\dfrac{11}{8}$ 이다.

따라서 $\overline{MN}$은 $\overline{AJ}$와 수직이므로 그 기울기는 $\dfrac{8}{11}$이 된다.

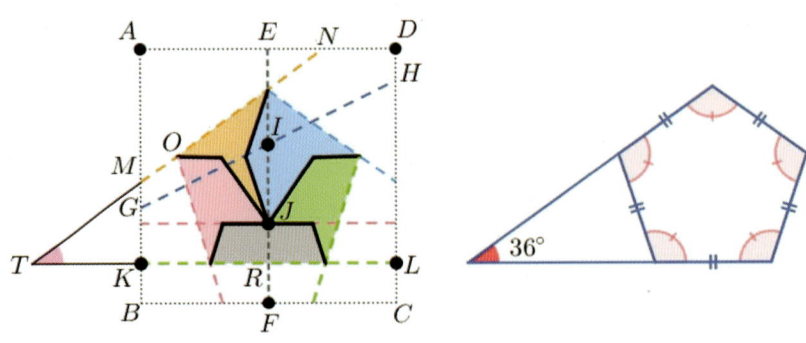

그런데, 정오각형의 두 변을 연장해서 만나는 선이 이루는 각도는 $36°$가 된다.

$\overline{MN}$의 기울기 $= \tan(\angle MTK) = \dfrac{8}{11} = 0.7272\cdots = 0.\dot{7}\dot{2}$

계산기로 구해본 $\tan 36° = 0.7265\cdots$

두 값을 비교하면 대략 $\tan(\angle MTK) - \tan 36° = \dfrac{8}{11} - 0.7265\cdots = 0.000730\cdots$ 정도로 매우 유사함을 알 수 있다.

즉, **「정오각형 접기(2)」**는 $\tan 36°$의 근삿값 $\dfrac{8}{11}$을 접어서 만든 방법이다.

[4~5단계]에서는 정오각형을 집처럼 생각할 때, 지붕에 해당하는 선만을 접은 것에 불과하다. 이 **「정오각형 접기(2)」**에서는 집의 벽에 해당하는 선분도 역시 훌륭히 접어냈다.

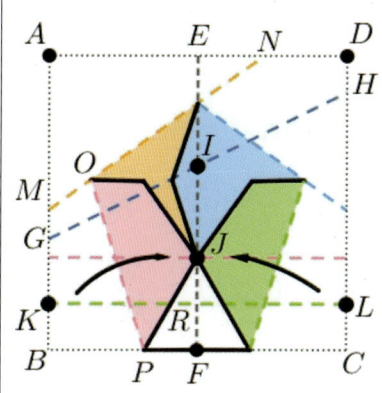

[6단계]
접은 선 $\overline{OP}$는 선분 $\overline{KJ}$의 수직이등분선
선분 $\overline{KJ}$의 기울기를 구하여 보자.
$$\overline{KR} = \overline{BF} = \dfrac{1}{2},\ \overline{JR} = \dfrac{5}{32}$$

$\rightarrow\ \overline{KJ}$의 기울기는 $\dfrac{\overline{JR}}{\overline{KR}} = \dfrac{\frac{5}{32}}{\frac{1}{2}} = \dfrac{5}{16}$

따라서 $\overline{OP}$의 기울기는 $-\dfrac{16}{5} = -\tan(\angle OPB)$

그런데 오각형이 정오각형이라면 $\angle OPB = 72°$가 되어야 한다.
계산기로 $\tan 72°$를 구하면, $\tan 72° = 3.07768\cdots$이 된다.
$\tan(\angle OPB) = \dfrac{16}{5} = 3.2$이므로 둘의 차이는 $\tan(\angle OPB) - \tan 72° = 0.122\cdots$
이다.

「정오각형 접기(2)」는 6단계에서 $\tan 72°$의 근삿값 $\dfrac{16}{5}$을 접어서 만든 방법이다. ■

이처럼, **「정오각형 접기(2)」**는 정오각형과 유사한 오각형을 접기 위해서 $\tan 36°$의 근삿값 $\dfrac{8}{11}$과 $\tan 72°$의 근삿값 $\dfrac{16}{5}$을 접고 있음을 확인할 수 있습니다. 이것으로 볼 때, 이 방법은 종이접기 속 수학에 관해서 연구한 종이접기 전문가가 만든 방법임에 분명합니다.

혹시 누구인지 감이 오실까요? 별로 종이접기 전문가의 이름을 이야기한 적이 없으니 답은 쉬울 수 있습니다. 1단계가 바로 힌트입니다.

네, 바로 하가에 의해서 만들어진 방법입니다. 하가는 오리가믹스(オリガミクス) 1권에서 위

분석자료의 점 J를 찾는 것이 가장 큰 목표였다고 서술합니다. 우리의 분석처럼 최대한 $\tan 36°$, $\tan 72°$ (실제론 $\tan 18°$)의 근삿값에 가까운 기울기를 접기 위해 만든 선분이었습니다.

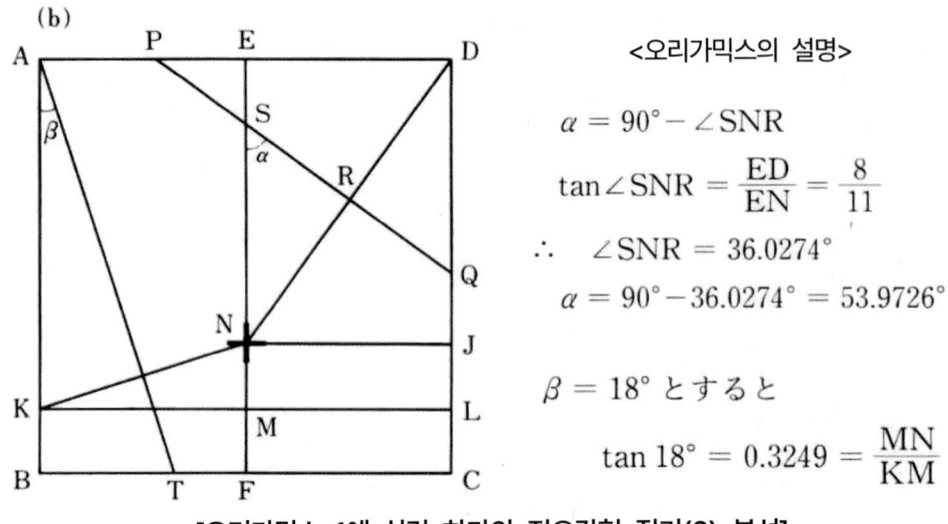

[오리가믹스 1에 실린 하가의 정오각형 접기(2) 분석]

出처 : オリガミクス 1 (1999), 하가 가츠오, 日本評論社, p112

라. 다른 종이접기 책 속 정오각형 접기 (3)

추가로 다른 책에 실린 「종이접기 책 속 정오각형 접기 (3)」을 살펴보겠습니다. 정확하게는 이 접기는 정오각형 접기가 아니라 정십이면체의 유닛 접기입니다.

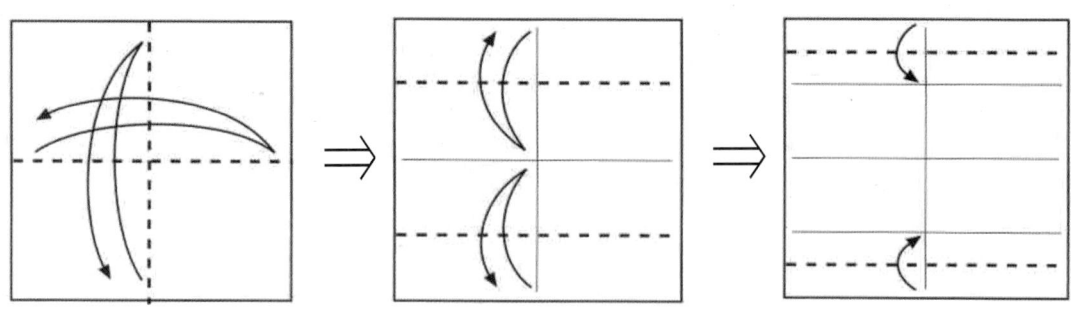

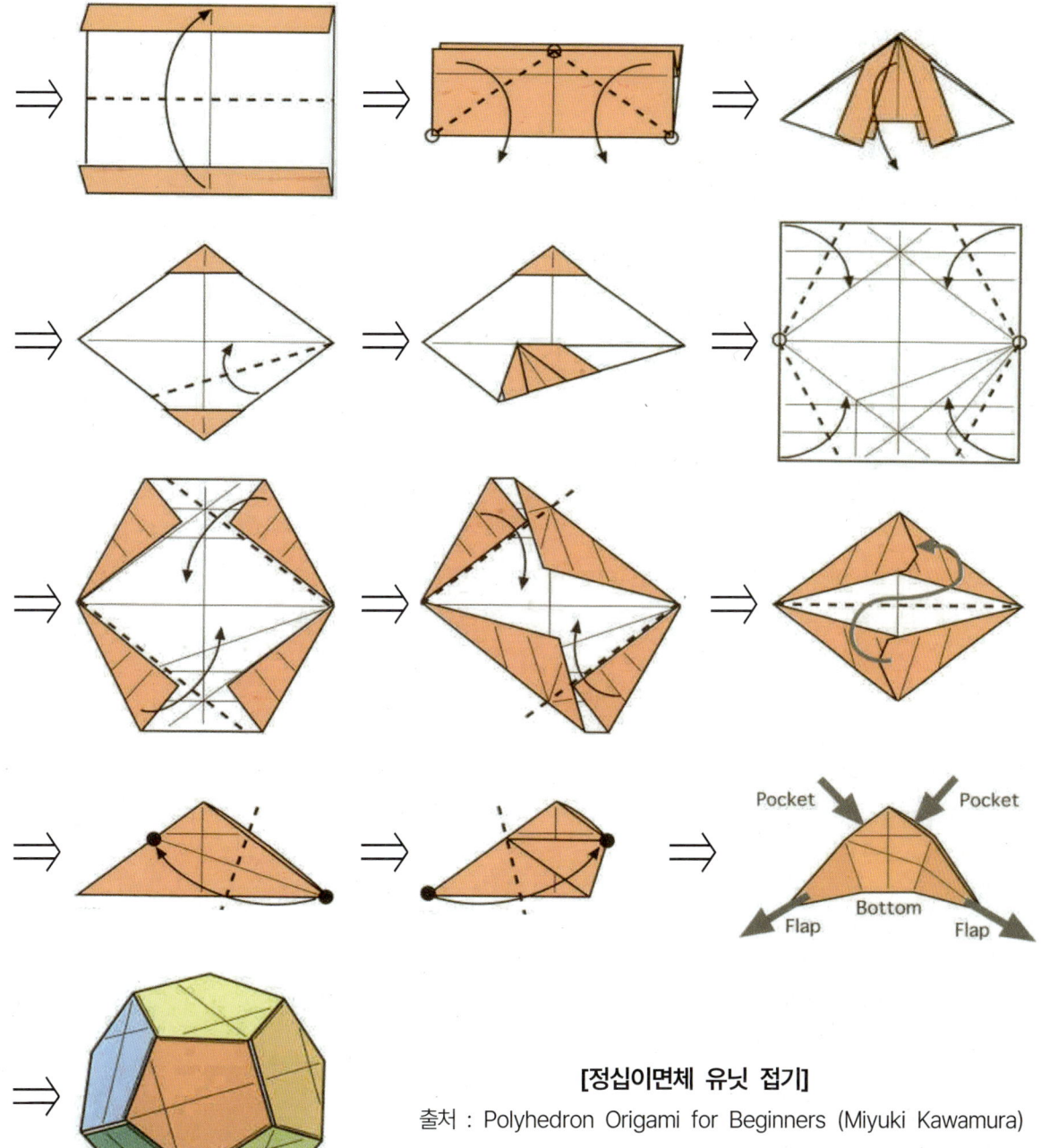

[정십이면체 유닛 접기]
출처 : Polyhedron Origami for Beginners (Miyuki Kawamura)

Ⅵ. 정확히 접을까? 잘 접을까? ~정다각형 접기에 대한 이야기~

이 종이접기에서 유닛의 접은 선을 모두 표시하면 다음과 같습니다. 정십이면체의 한 면을 이루는 오각형은 파랗게 들어있죠.

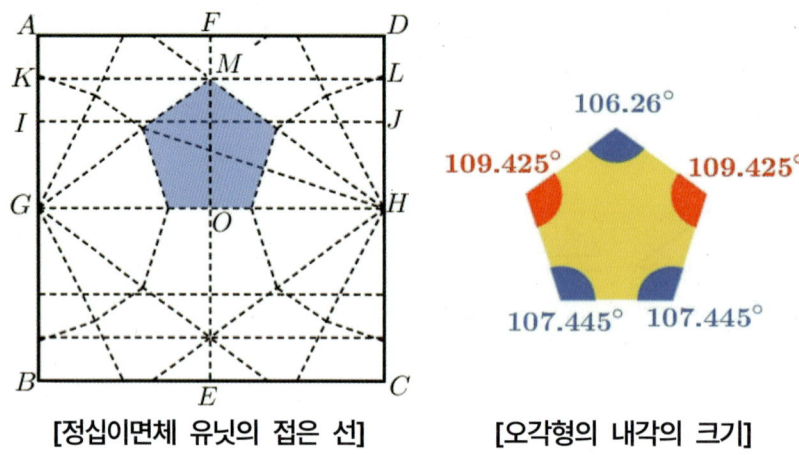

[정십이면체 유닛의 접은 선]   [오각형의 내각의 크기]

역시 오각형의 내각의 크기를 지오지브라로 측정하면 위와 같습니다. 안타깝게도 내각의 크기가 108°가 되는 것은 하나도 없는 걸 보면 정오각형이 아니네요. 그렇다면 중요한 점은 바로 이것입니다.

"과연 접은 선은 어떤 값의 근삿값을 구했을까요?"

[정십이면체 유닛 접기 분석하기]

오각형의 변을 만드는 두 선분 $\overline{GM}$과 $\overline{GO}$가 이루는 각은 $\angle GOM = 36°$가 되어야 한다.

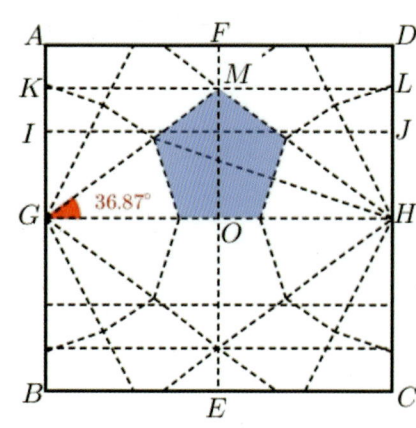

(1) 점 G는 $\overline{AB}$의 중점, 점 I는 $\overline{AG}$의 중점, 점 K는 $\overline{AI}$의 중점이므로, $\overline{MO} = \dfrac{3}{8}$이 된다.

(2) $\overline{GO} = \dfrac{1}{2}$이다.

(3) $\tan(\angle GOM) = \dfrac{\overline{MO}}{\overline{GO}} = \dfrac{\frac{3}{8}}{\frac{1}{2}} = \dfrac{3}{4} = 0.75$이다.

(4) 하지만 $\tan 36° = 0.7265\cdots$이다.

[결론] 이 종이접기는 $\tan 36° = 0.7265\cdots$의 근사값을 $\dfrac{3}{4} = 0.75$로 선택한 뒤 접어서 만든 방법이다. ∎

$\tan 36° = 0.7265\cdots$의 근삿값을 $\frac{3}{4}$으로 선택하여 쉬우면서도 빠르게 오각형 유닛을 접는 방법을 고안한 접기입니다. 실제로 각도도 $36.87°$가 나오니 오차가 크지 않고요.

하지만 우리의 눈은 생각보다 더 정확합니다. 이 정도 오차는 만들고 나면 잘 찾아낼 수 있습니다. 실제로 이 정십이면체를 완성한 경우, 정십이면체의 면인 정오각형이 조금 찌그러져 보이는 것을 관찰할 수 있습니다.

[완성한 정십이면체]

출처 : Polyhedron Origami for Beginners (Miyuki Kawamura)

한 번 더 여쭤보죠. 수학적인 모양이 나오도록 하는 종이접기를 해보셨나요? 혹시 모양이 못마땅하지는 않았나요? 내 솜씨가 없어서 아쉬웠나요?

"우리가 솜씨가 없는 것이 아닙니다. 종이접기가 틀렸던 것입니다."

괜찮습니다. 여러분은 틀리지 않았습니다. 자신감을 가지세요.

4 새로운 정삼각형 접기 : 최대넓이 정삼각형

정삼각형 접기는 이미 두 가지 방법을 보여드렸습니다. 이번엔 조금 다른 접기 방법을 보여드리겠습니다.

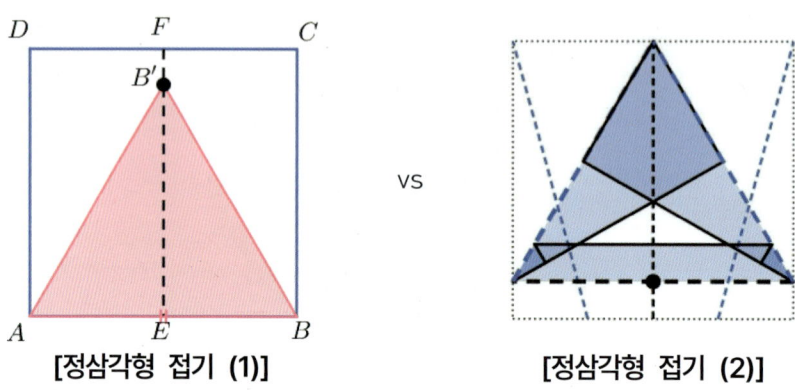

[정삼각형 접기 (1)]   vs   [정삼각형 접기 (2)]

이번에는 정사각형 색종이로 접을 수 있는 가장 큰 정삼각형을 접어보고자 합니다. 즉, 「정사각형 속 최대넓이 정삼각형」입니다. 어떤 모양일까요? 일단 다른 방법이라는 것을 이야기하는 것에서 위의 접기 방법과는 정삼각형의 「방향」이 다름을 쉽게 추측할 수 있습니다. 이 정삼각형을 포함해 정사각형 속 최대넓이 정다각형에 대해서 로버트 게레트슈레거(2008)에 따르면 다음이 성립한다고 합니다.

> **정사각형 속 최대넓이 정다각형 정리**
>
> 임의의 양의 정수 $n \geq 3$에 대해 적어도 1개의 꼭짓점이 정사각형의 변 위에 있고, 정사각형의 대각선 중 하나가 그 다각형의 대칭축이 되는 최대의 면적인 정n각형이 정사각형 내에 존재한다.
> $n = 3$인 경우, 한 꼭짓점은 정사각형의 각이 된다.
> $n = 4k$ (k는 자연수)인 경우, n각형의 두 꼭짓점이 정사각형의 각 변 위에 있다.
> $n = 2k$인 경우, 정사각형의 두 대각선이 다각형의 대칭축이 된다.

위 정리에 따르면 정삼각형의 경우는 $n = 3$이니 꼭짓점 하나는 정사각형의 대각선 위에, 또 하나는 변 위에 있음을 알 수 있습니다. 또한 대각선이 대칭축이니 마지막 꼭짓점 또한 정사각형의 변 위에 있음을 알 수 있겠네요. 다른 정다각형도 위 정리에 따라 표현하면 다음 그림과 같습니다.

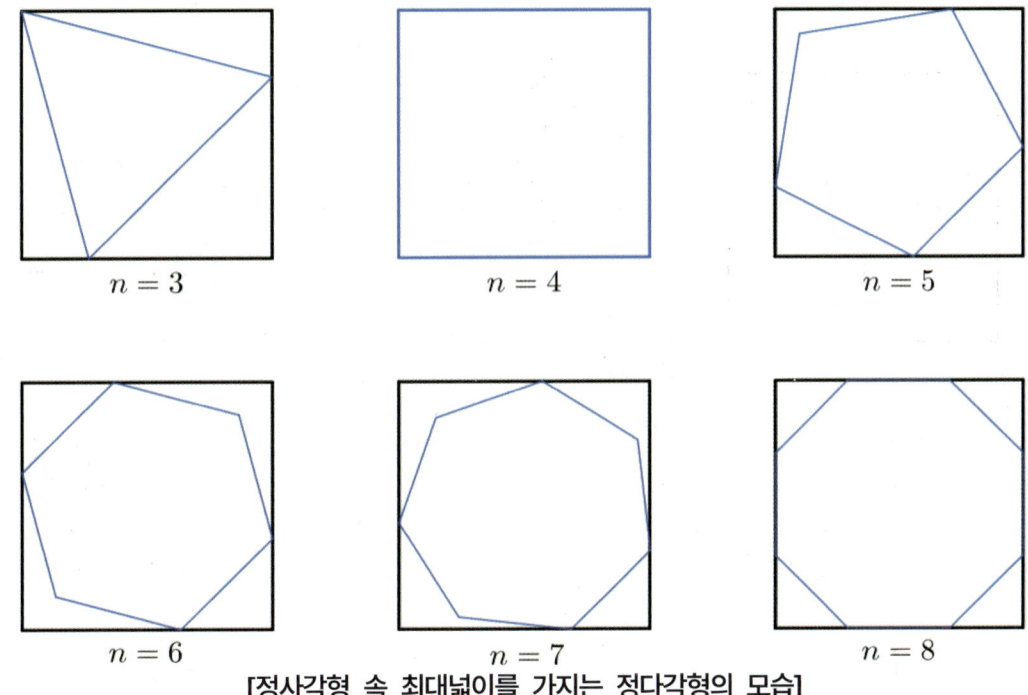

[정사각형 속 최대넓이를 가지는 정다각형의 모습]

정삼각형의 경우 딱 우리가 예상한 모양대로 나타났네요. 이제 저 그림을 분석해 봅시다.

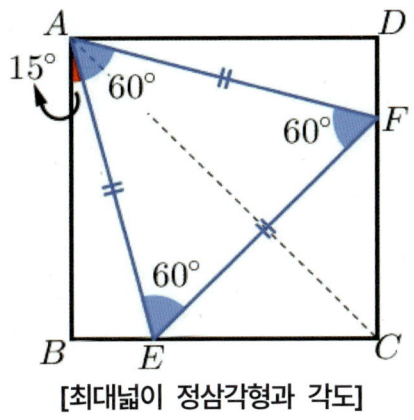

[최대넓이 정삼각형과 각도]

점 E와 점 F는 앞선 정리에 따르면 대각선 $\overline{AC}$에 대칭인 위치입니다. 따라서 $\angle BAE = \angle DAF$가 되어야 합니다. 이때, $\angle EAF = 60°$이므로 $\angle BAF = 15°$가 되어야겠지요. 즉, $15°$를 접을 수 있으면 점 E의 위치를 찾을 수 있다는 뜻이 됩니다. 점 F는 앞서 말한 것처럼 점 E를 $\overline{AC}$에 대해 대칭시킨 위치니까 찾기는 더 쉽겠지요. 자, 그래서 「정사각형 속 최대넓이 정삼각형」은 다음과 같이 접을 수 있습니다.

[접는 법]

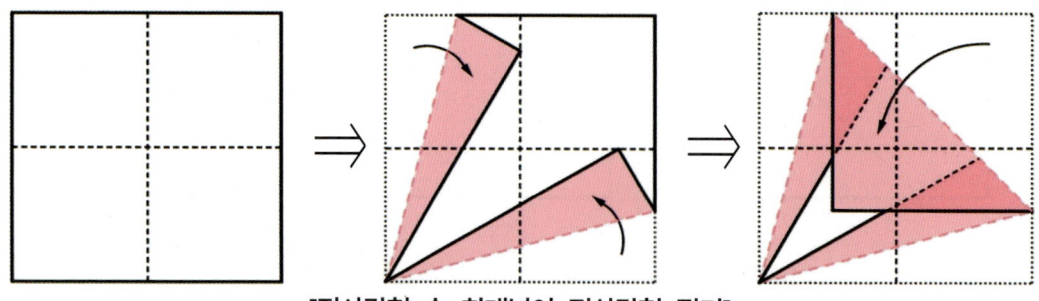

[정사각형 속 최대넓이 정삼각형 접기]

출처 : 수학이 있는 종이접기 (김부윤 외)
(https://www.geogebra.org/m/ehcfxufa#material/p2dbbjxr)

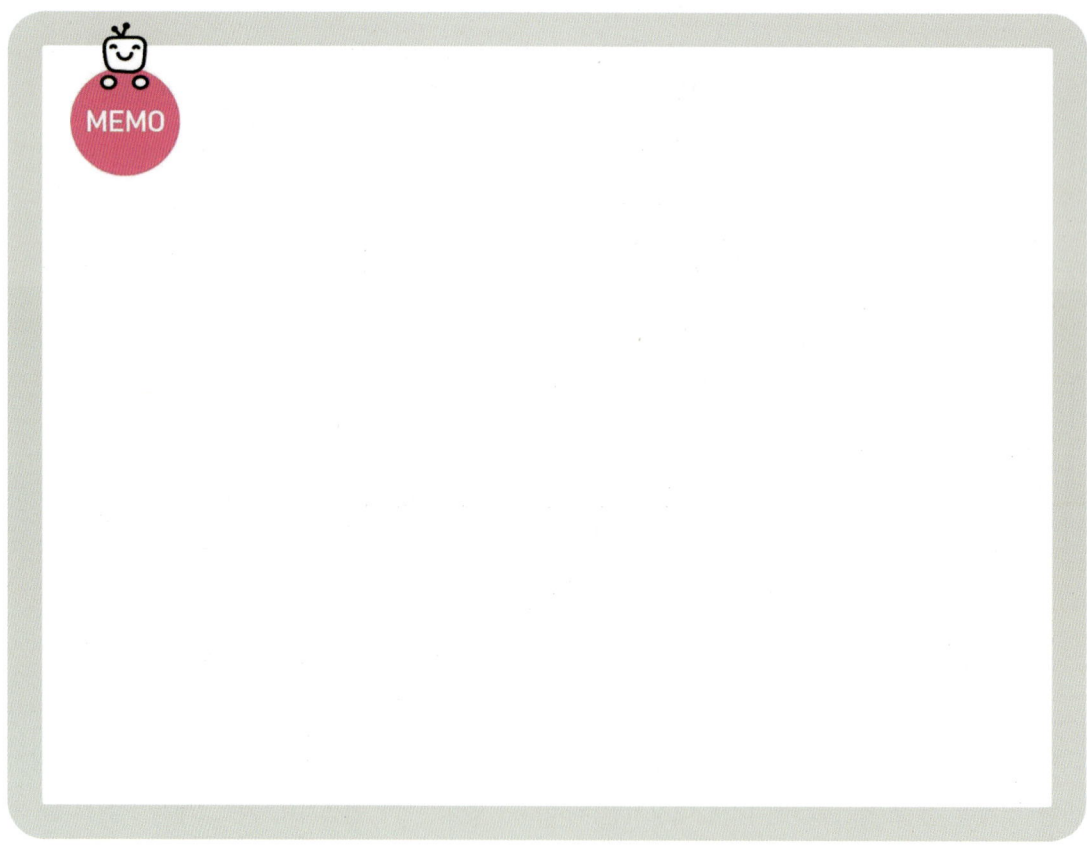

5. 정육각형 접는 새로운 방법들

이번엔 정육각형을 새롭게 접어보겠습니다. 앞서 소개한 방법은 정육각형을 접어서 모양까지 내는 방법이었습니다. 이번에 소개하려는 방법은 정육각형 자체만 만드는 두 가지 방법들입니다. 즉 정육각형을 만들 수학적 성질만 생각해보도록 하겠습니다.

가. 정사각형과 대칭축을 공유하는 정육각형 접기

우선 정육각형을 적당히 크게 채워볼까요? 아래처럼 정사각형 대변의 중점을 이은 선분이 정육각형의 꼭짓점을 지나는 대칭축인 같은 경우를 생각해봅시다. 이 정육각형은 어떻게 접으면 될까요?

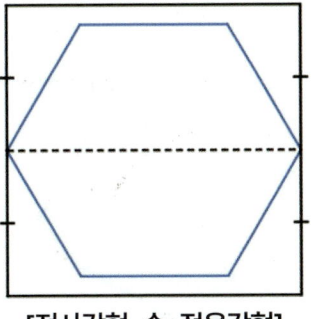

[정사각형 속 정육각형]

정육각형의 변과 저 점선이 이루는 각이 60°이니, 정사각형의 한 변의 중점에서 30°를 만들면 되려나요? 그런데 윗변은 어떻게 접지? 몇 가지가 우선 떠오릅니다. 좀더 쉽게 접근하기 위해 보조선을 여럿 그려보겠습니다. 보조선을 그리고 나면 굉장히 쉬워집니다.

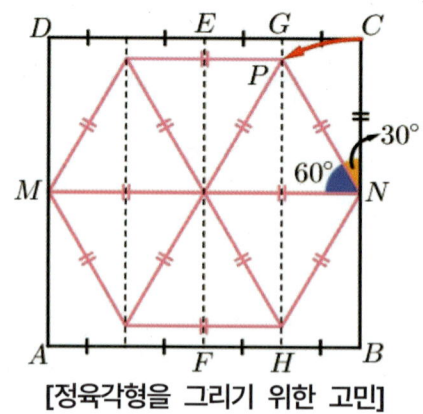

[정육각형을 그리기 위한 고민]

그림에서 보이듯 $\overline{NP} = \overline{NC}$입니다. 이때, 화살표처럼 컴퍼스를 이용해서 N을 중심으로 하고 반지름이 $\overline{NC}$인 원호를 그리면 $\overline{GH}$와의 교점에서 쉽게 점 P의 위치를 구할 수 있습니다.

네, 여러분들도 알고 있다시피 종이접기에는 「**컴퍼스 접기**」가 있죠. $\text{Ⓝ}C \to \overline{GH}$를 접으면 점 P의 위치를 바로 찾을 수 있습니다. 다른 꼭짓점에서도 같은 방법으로 접으면 중점 M, N을 포함한 정육각형의 모든 꼭짓점을 찾을 수 있겠네요.

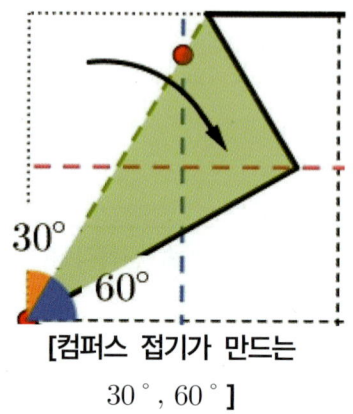

[컴퍼스 접기가 만드는 30°, 60°]

컴퍼스 접기 한번으로 60°의 각을 만드는 선분 그리고 꼭짓점이 될 점을 찾는 것이 보이나요? 그럼 한번 접어보죠.

[접는 법]

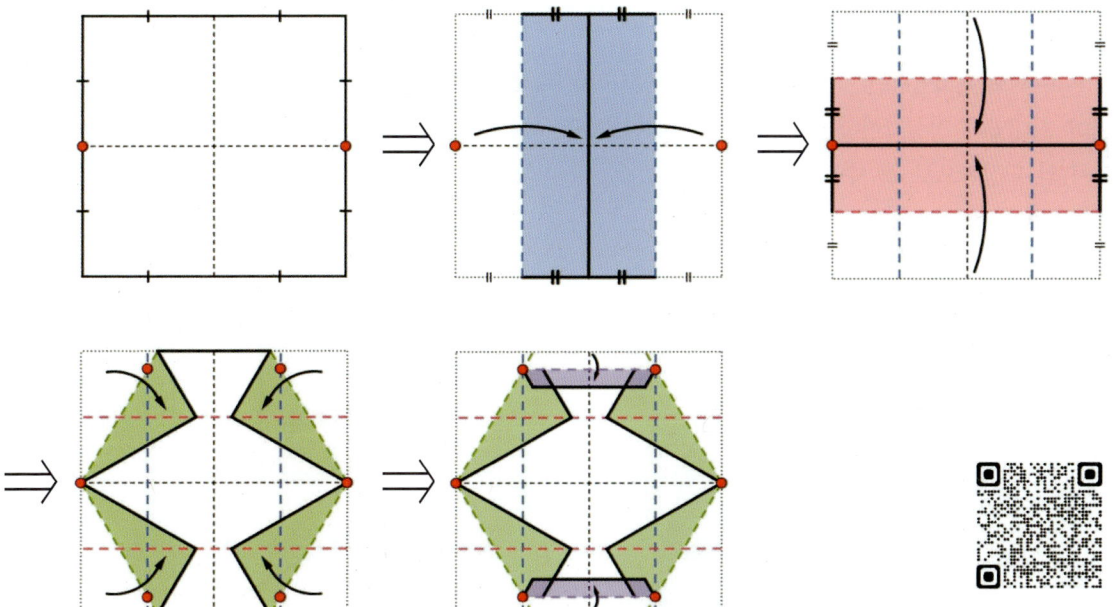

[정사각형과 대칭축을 공유하는 정육각형 접기]
(https://www.geogebra.org/m/ehcfxufa#material/drxp2usk)

나. 최대넓이 정육각형

이번엔 최대넓이를 가지는 정육각형을 접어봅시다. 앞서 최대넓이 정육각형의 모습은 확인했습니다. 꼭짓점이 정사각형의 대각선 위에 있고, 그 대각선은 정육각형의 대칭축이기도 합니다. 또한, 정육각형의 한 꼭짓점은 정사각형의 변 위에 있고, 대칭축에 의한 선대칭으로 꼭짓점이 하나 더 정사각형의 변 위에 있습니다. 이 모습은 앞서 살펴보았죠? 하지만 이 그림만으로는 찾아내기 어려우니, 보조선을 좀더 그려보겠습니다.

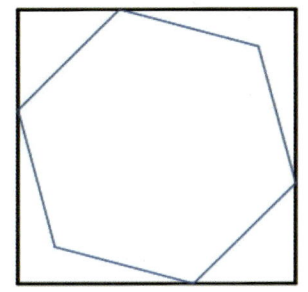   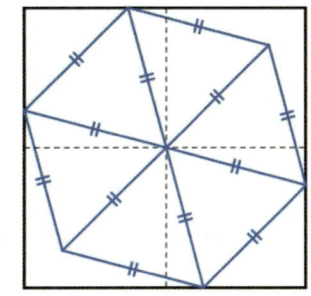

[정사각형 속 최대넓이 정육각형]   [보조선을 그린 최대넓이 정육각형]

조금 전보다 생각하기 쉽습니다. 어디 접을 방법이 보이시나요? 여기서 찾으셨다면 굉장히 눈썰미가 좋으신 분입니다. 최대넓이 정육각형을 접는 방법에 대한 힌트는 바로 정사각형을 네 부분으로 나눈 조각 중 하나에 있습니다.

왼쪽 위의 조각을 따로 떼어내면 갑자기 「정사각형 속 최대넓이 정삼각형」이 나타나 버립니다. 우리는 이미 최대넓이 정삼각형을 접는 법을 알고 있죠. 즉, 「최대넓이 정육각형 접기」는 「최대넓이 정삼각형 접기」의 확장판으로 볼 수 있겠네요.

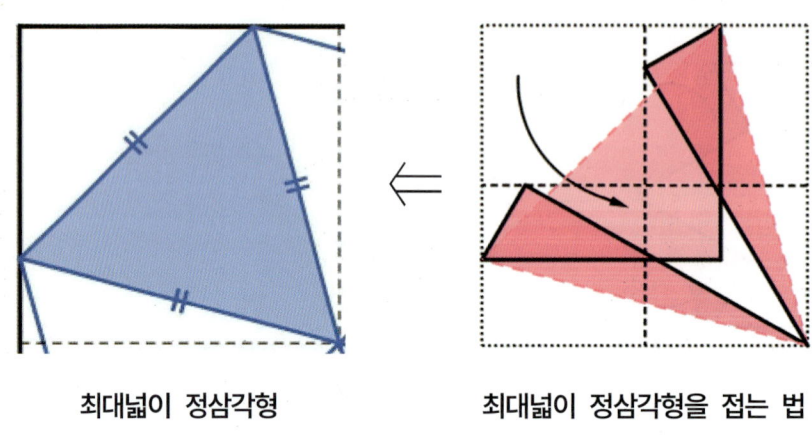

최대넓이 정삼각형   최대넓이 정삼각형을 접는 법

자, 그럼, 여기에 근거해서 한번 최대넓이를 갖는 정육각형을 접어 보겠습니다.

[접는 법]

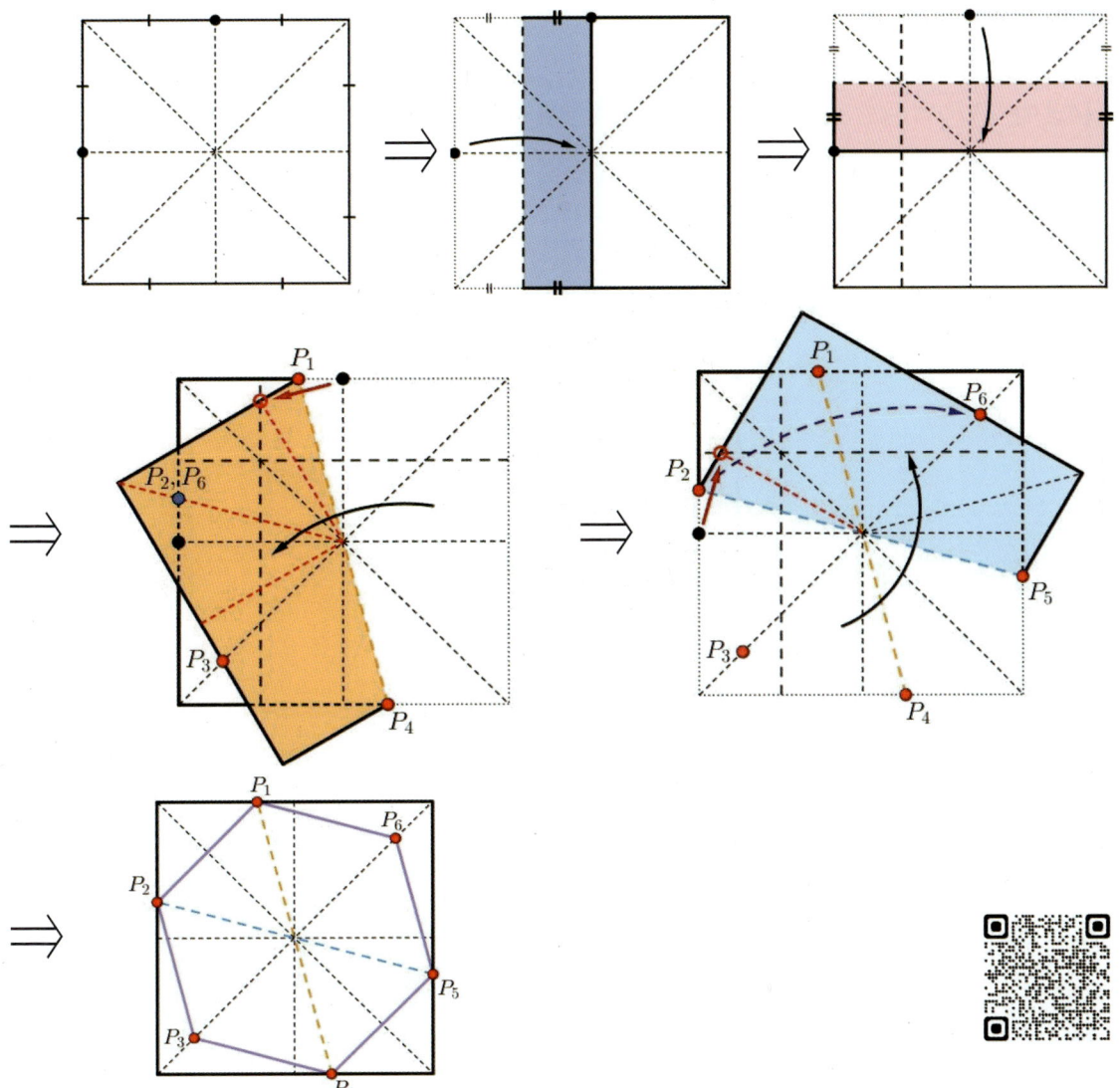

[최대넓이 정육각형 접기]
(https://www.geogebra.org/m/ehcfxufa#material/xuqwtxmz)

출처 : Geometric Origami
(로베르트 게레트슈레거)

[왜냐하면]

[4단계] $\overline{P_1P_4}$에 대한 점 C, D, G, N의 대칭점을 각각 C', D', G', N'이라 하자.

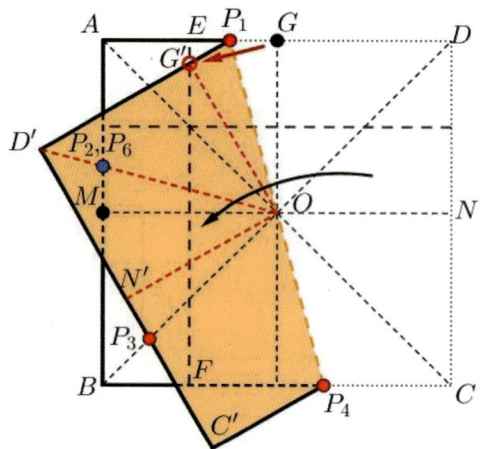

(1) $\overline{AG} = \dfrac{1}{2}$, $\overline{AE} = \dfrac{1}{4}$이고 ⓞ$G \to \overline{EF}$를 접었기 때문에

→ $\angle MOG' = 60°$, $\angle G'OG = 30°$

$\angle G'OP_1 = \angle P_1OG = 15°$

또한 위로 접어 올린 사다리꼴 모양의 종이에서 $\angle G'OD = 45°$이다.

→ $\angle MOP_2 = \angle MOG - \angle G'OG - \angle G'OP_2$
$= 90° - 30° - 45° = 15°$

따라서 P_1, P_2는 정사각형 $\square AMOG$에서 최대넓이 정삼각형을 만드는 꼭짓점이므로 최대넓이 정육각형의 한 꼭짓점이다.

(2) P_4는 중심 O에 대한 P_1의 대칭점이므로 정육각형의 한 꼭짓점이다.

(3) $\angle P_3ON' + \angle N'OA = 90° = \angle G'OA + \angle N'OA$이므로 $\angle P_3ON' = \angle G'OA$

또한 $\angle AOG' = \angle AOG - \angle G'OG = 45° - 30° = 15°$

$\overline{OG'} = \overline{ON'}$, $\angle OG'P_1 = \angle ON'P_3 = 90°$,

$\angle P_3ON' = \angle P_1OG' = 15°$이므로

→ $\triangle OG'P_1 \equiv \triangle ON'P_3$ (ASA 합동)

따라서, $\overline{OP_3} = \overline{OP_1}$이다.

더불어 $\angle P_2OP_3 = \angle P_2ON' + \angle NOP_3 = 60°$이므로 P_3도 정육각형의 한 꼭짓점이다.

[5단계]

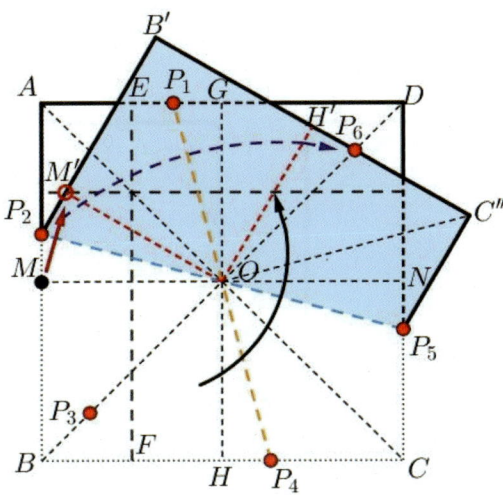

(4) P_5는 점 O에 대한 P_2의 대칭점이므로 정육각형의 꼭짓점이다.

(5) P_6은 4단계에서 P_2와 겹쳤으므로

$\overline{OP_2} = \overline{OP_6}$이다.

또한 점 O에 대해 P_3의 반대 위치에 있으므로 정육각형의 한 점이 된다. ■

6. 최대넓이 정팔각형 접기

최대넓이 정팔각형이 생각보다 쉬워 보이니 먼저 접고 가볼까요? 최대넓이 정팔각형은 앞서 본 것처럼 아래 그림과 같이 만들어집니다.

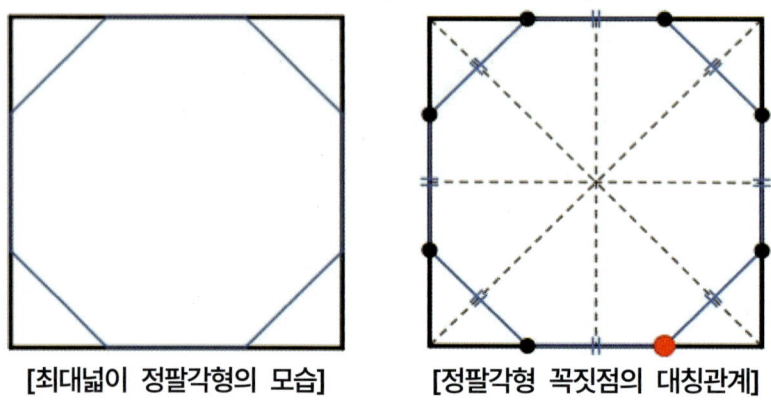

[최대넓이 정팔각형의 모습]   [정팔각형 꼭짓점의 대칭관계]

정팔각형의 모든 꼭짓점이 정사각형 변 위에 있네요. 그림을 관찰하면 한 꼭짓점만 찾아도 선대칭을 통해 정팔각형의 모든 꼭짓점을 찾을 수 있으니 저 꼭짓점을 쉽게 찾을 방법을 찾으면 될 듯합니다. 따라서 먼저 저 빨간 점의 위치부터 계산해봅시다.

가. 최대넓이 정팔각형을 만드는 꼭짓점의 위치

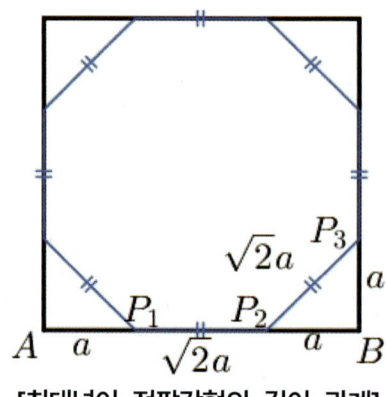

[최대넓이 정팔각형의 길이 관계]

정팔각형의 꼭짓점을 P_n ($n=1, 2, \cdots, 8$)로 두겠습니다. 이때, $\overline{AP_1} = \overline{BP_2} = a$로 두면 $\overline{P_2P_3} = \sqrt{2}a$가 됩니다. 따라서 $\overline{AB} = a + \sqrt{2}a + a = (2+\sqrt{2})a = 1$이 되죠. 그러므로 $a = \dfrac{1}{2+\sqrt{2}} = \dfrac{2-\sqrt{2}}{2} = 1 - \dfrac{1}{\sqrt{2}}$가 되어야 겠네요.

이때, a를 천천히 보면 $1 - \dfrac{1}{\sqrt{2}}$이니, $1 = \overline{AB}$에서 $\dfrac{1}{\sqrt{2}}$을 접어서 빼면 되겠네요. 그리고 우리는 $\dfrac{1}{\sqrt{2}}$이란 길이를 만드는 법을 이미 알고 있습니다. 「넓이가 $\dfrac{1}{2}$인 정사각형을 접는 법」에서 이를 이미 탐구했죠?

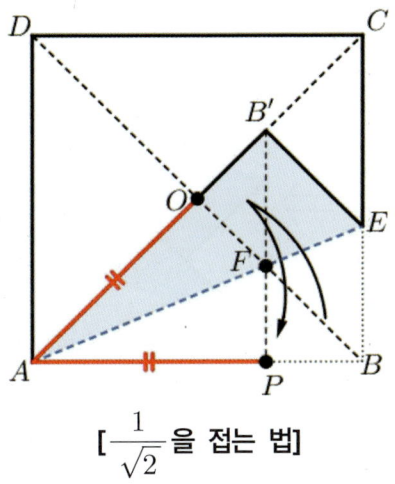

[$\dfrac{1}{\sqrt{2}}$을 접는 법]

정사각형의 대각선 $\overline{AC}$, $\overline{BD}$을 먼저 접고, Ⓐ$B \to \overline{AC}$를 접었다가 폅니다. 그러면 점 O가 $\overline{AB}$ 위의 점 P로 이동되어 $\overline{AP} = \dfrac{1}{\sqrt{2}}$가 되죠. 따라서 점 P는 정팔각형의 한 꼭짓점이 됩니다.

그런데 더 좋은 점은 이것입니다. $\angle BAC$의 이등분선 $\overline{AE}$와 $\overline{DB}$의 교점 F가 보이시나요? 위 그림에서 한 번 더 접으면 다음과 같이 됩니다.

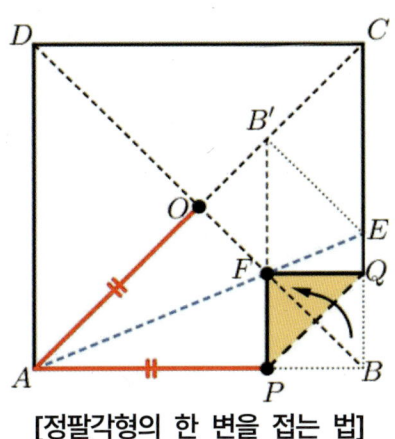

[정팔각형의 한 변을 접는 법]

$B \to F$를 접어서 자연스럽게 정팔각형의 꼭짓점인 P, Q를 동시에 찾게 됩니다. 이 작업을 정사각형의 네 꼭짓점에서 진행하면 자연스럽게 최대넓이 정팔각형을 접을 수 있겠네요. 그럼 한 번 접어봅시다.

나. 최대넓이 정팔각형을 접는 법

방금 알아본 접는 방법에 따라 만든 최대 넓이 정팔각형을 접는 법입니다. 앞서 계산을 여러 번 했던 것 치고는 쉽게 접어버리죠?

[접는 법]

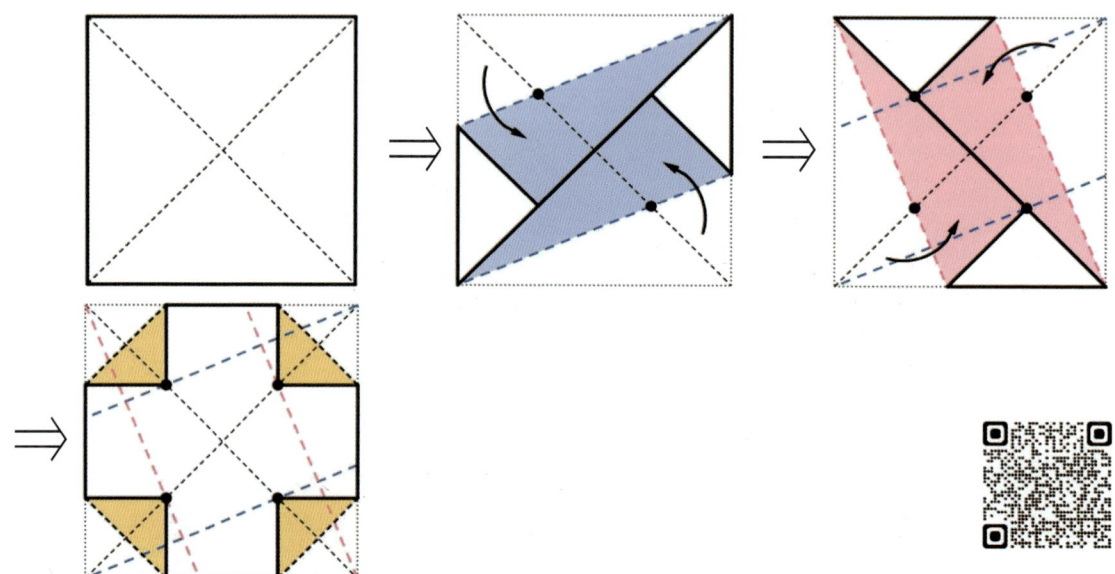

[최대넓이 정육각형 접기 (1)]
(https://www.geogebra.org/m/ehcfxufa#material/vnnehmpn)

그런데, 정팔각형은 정사각형보다 딱 꼭짓점이 2배로 많은 것이다 보니 갖는 좋은 성질이 있습니다. 중심각의 크기가 계속 절반이 되고 대칭축의 개수는 2배가 되는 성질이 그중 하나입니다. 그래서 그림을 그리면 아래처럼도 볼 수 있죠.

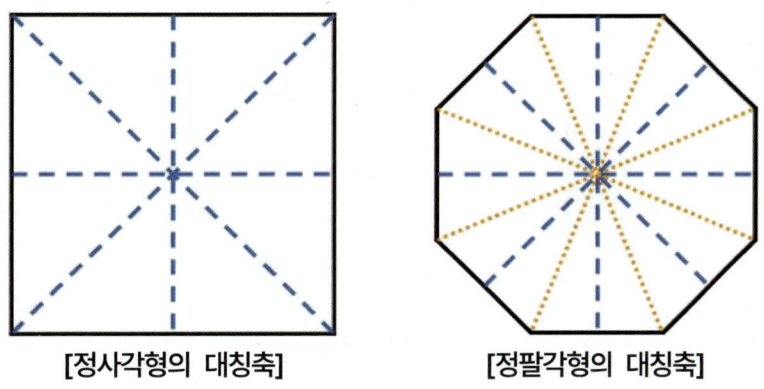

[정사각형의 대칭축] [정팔각형의 대칭축]

둘의 모습이 굉장히 닮았죠? 이 둘을 겹쳐서 그려보면 훨씬 더 극적입니다.

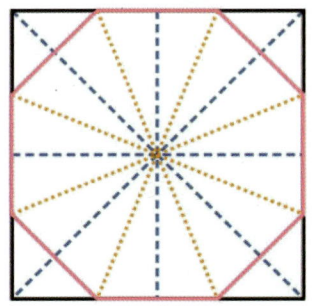

[겹쳐서 그린 정사각형과 정팔각형의 대칭축]

정사각형의 대칭축을 먼저 만들고 대칭축이 이루는 각의 이등분선을 새로이 접으면 정팔각형이 나타나겠네요. 이 성질을 이용한 「최대넓이 정팔각형 접기」를 하나 더 소개하겠습니다.

[접는 법]

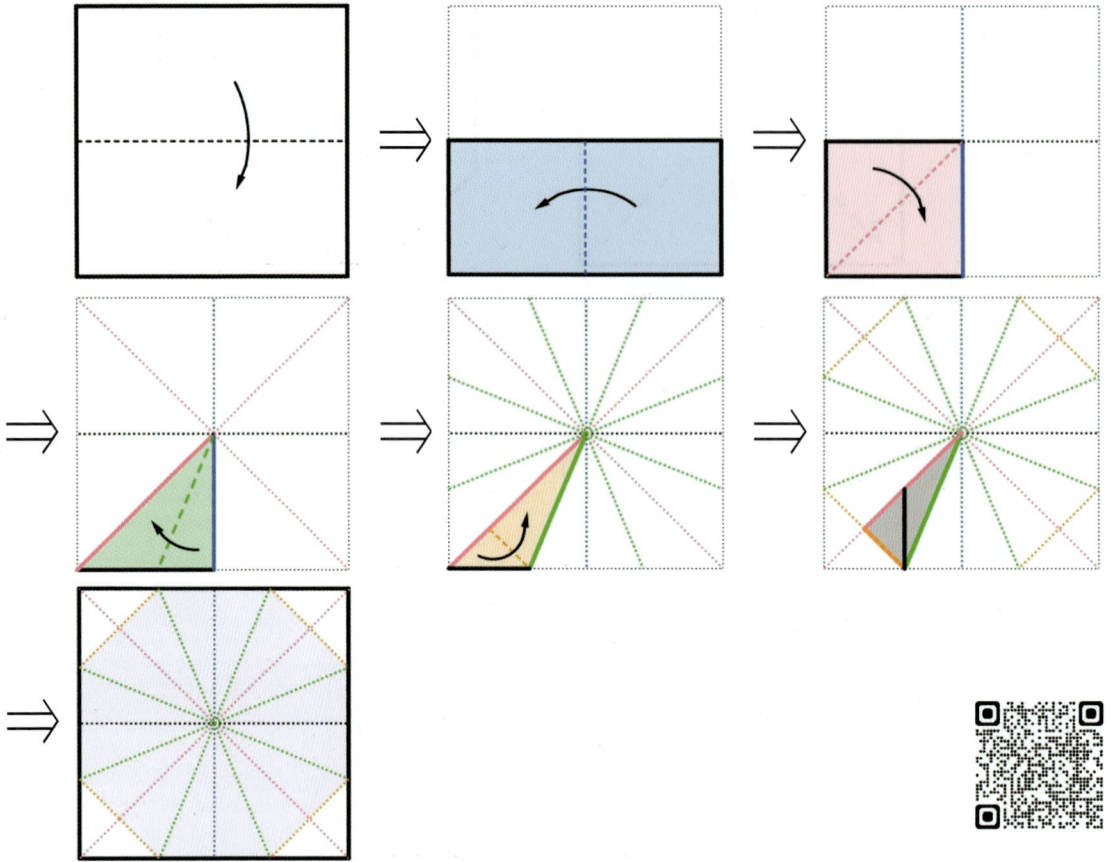

[최대넓이 정육각형 접기 (2)]

(https://www.geogebra.org/m/ehcfxufa#material/uqj2txwu)

출처 : Geometric Origami (로베르트 게레트슈레거)

다만, 좀 더 정확하게 접으려면 계속 겹쳐서 접는 것보다는 각 선을 따로따로 접는 것이 더 좋습니다. 종이가 겹쳐지면서 두꺼워져서 오차가 늘어나니까요.

7 정확한 정오각형을 접는 방법들

드디어 우리의 종이접기 실력이 충분히 올라온 듯 합니다. 미뤄두었던 정확한 정오각형을 접을 차례입니다. 이를 위해서 앞서 살펴보았던 정오각형의 성질을 다시 꺼내두어야 합니다. 정오각형이 가지는 성질은 여러 가지 있지만 특기할 만한 것은 다음의 3가지였습니다.

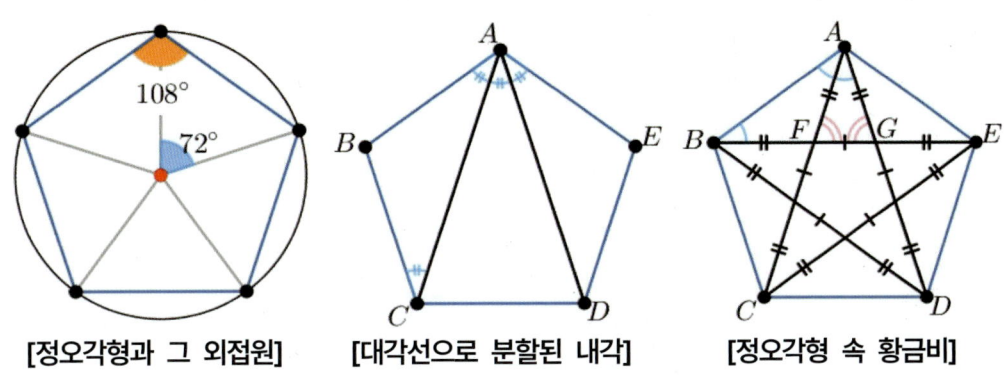

[정오각형과 그 외접원]   [대각선으로 분할된 내각]   [정오각형 속 황금비]

정오각형의 성질

1. 정오각형의 한 내각은 108°이고, 중심각은 72°이다.
2. 정오각형의 한 꼭짓점에서 그은 두 대각선은 내각을 삼등분한다.
3. $\overline{AB} : \overline{BE} = \overline{BG} : \overline{BE} = \overline{BF} : \overline{BG} = 1 : \phi$

이 내용을 바탕으로 한번 정오각형 접기를 만들어 보겠습니다.

가. 정확한 정오각형 접기

먼저 정사각형과 한 변 위에 변이 하나 겹쳐져 있는 정오각형을 상상해 보겠습니다. 이런 정오각형은 여러 가지 있을 수 있지만, 우리는 그 정오각형을 크기를 점점 키워보고자 합니다. 그러면 정오각형은 결국엔 꼭짓점이 정사각형의 변 위에 도달하면서 더는 커질 수 없게 됩니다. 만약, 정사각형의 변에 도달한 꼭짓점이 하나밖에 없다면, 아직 공간이 남았다는 뜻이니 정오각형을 옆으로 평행 이동시켜서 더 키우면 되겠지요. 그러면 결국엔 밑변(두 꼭짓점)은 정사각형 위에 있고, 다른 두 꼭짓점이 정사각형의 변 위에 올라 있는 모습이 됩니다.

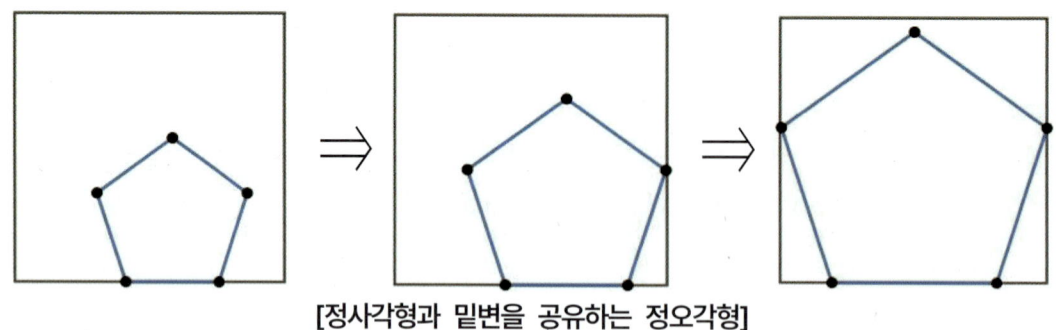

[정사각형과 밑변을 공유하는 정오각형]

이제 이런 모습일 경우 정오각형을 만들 수 있는 꼭짓점의 위치를 한 번 계산해보죠.

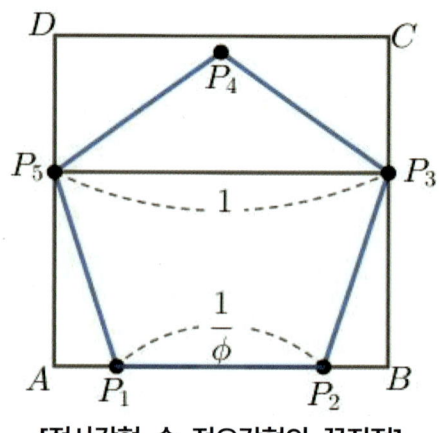

[정사각형 속 정오각형의 꼭짓점]

위 그림과 같이 만들어진다면, 다음이 성립하게 됩니다.

정사각형 속 정오각형의 성질

① 정사각형의 한 변의 길이 = 정오각형의 대각선의 길이 = $\overline{P_3P_5}$

② 정오각형의 한 변의 길이 = $\overline{P_1P_2} = \dfrac{1}{\phi}$

③ $\overline{AP_1} = \overline{BP_2} = \dfrac{1}{2} \times \left(1 - \dfrac{1}{\phi}\right)$

우리는 이미, 「황금 직사각형을 접는 방법 (1)」에서 $\frac{1}{\phi}$를 접는 방법을 찾아뒀습니다. 또한, 종이접기의 사칙연산을 통해 $1 - \frac{1}{\phi}$과 같은 뺄셈을 하는 법도 찾아뒀죠. 물론 이 경우엔 정사각형 한 변의 길이가 1이기 때문에, 뺄셈할 필요도 없이 거기에 $\frac{1}{\phi}$를 찾는 순간이 $1 - \frac{1}{\phi}$를 찾는 순간입니다. 그리고 정오각형을 충분히 키워뒀기 때문에 언제든 $\overline{P_3P_5} = 1$과 같은 대각선을 찾을 수 있습니다. 따라서 아래처럼 접어 나가고자 합니다.

[정확한 정오각형을 접는 계획]

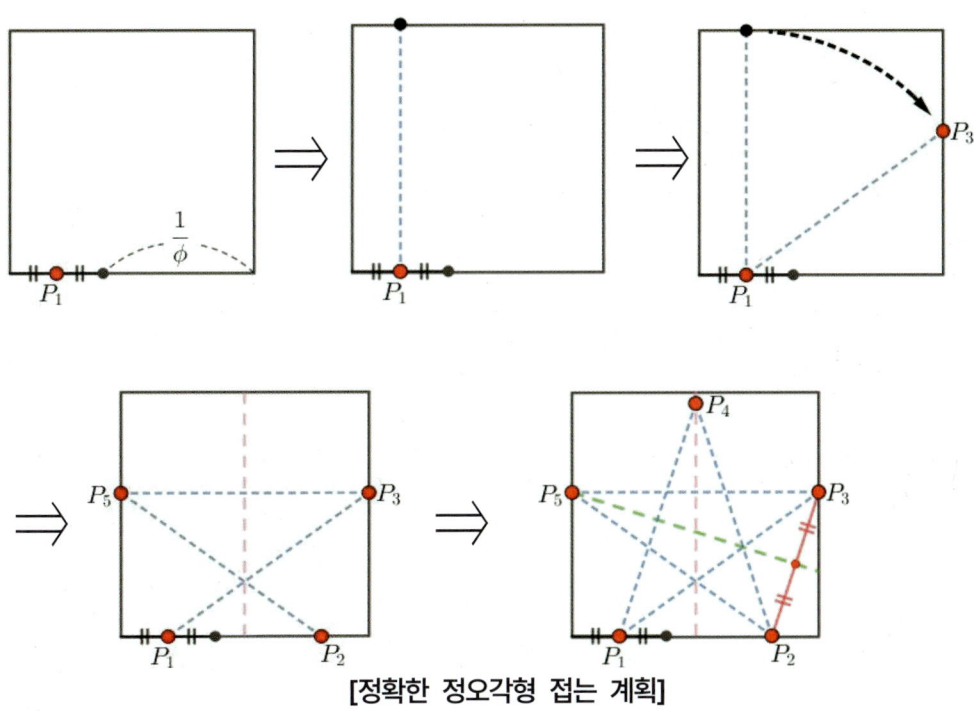

[정확한 정오각형 접는 계획]

계획안이 이해 가셨나요? 정오각형의 꼭짓점 중 정사각형 밑변 위의 꼭짓점을 하나 찾은 뒤 정오각별을 그려서 정오각형을 접을 계획입니다. 자, 그럼 한번 접어 보죠.

[접는 법]

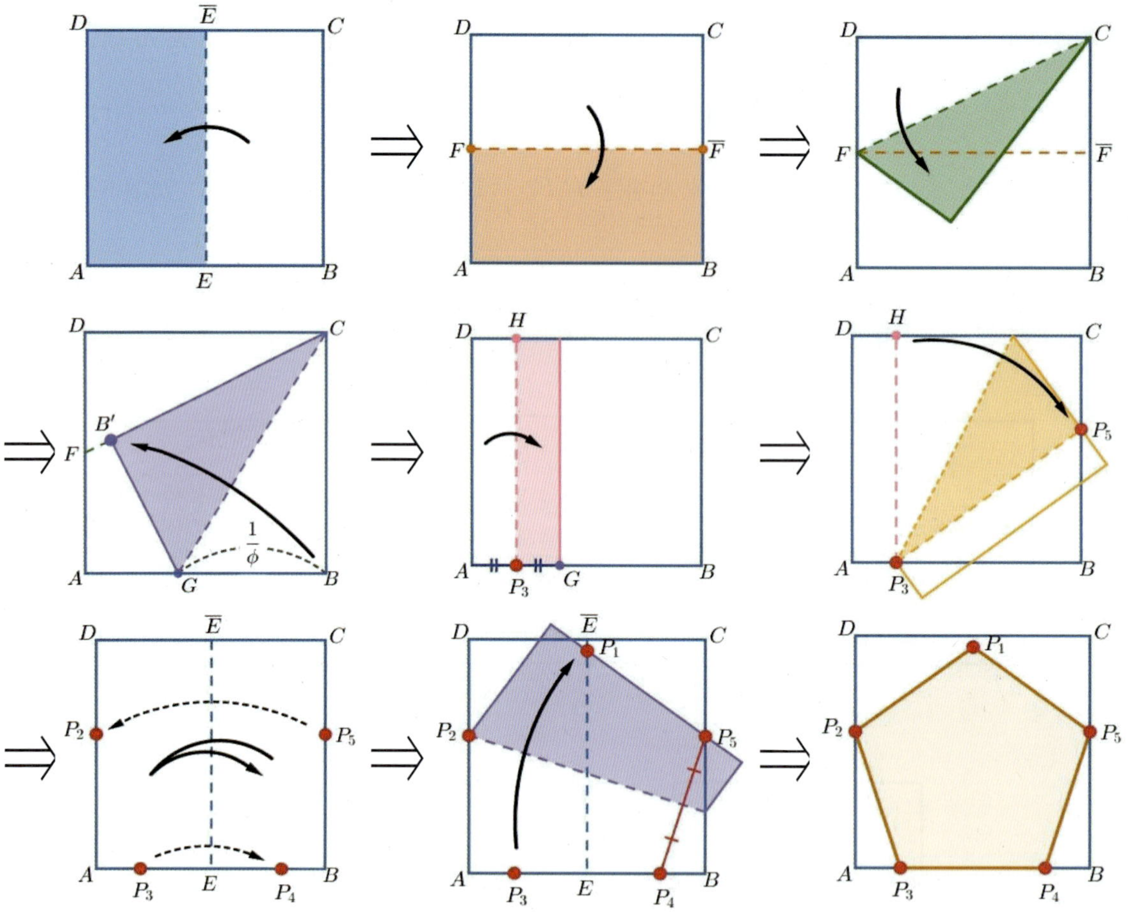

[정확한 정오각형 접기]

(https://www.geogebra.org/m/ehcfxufa#material/hdh56bvp)

출처 : Geometric Origami (로베르트 게레트슈레거)

나. 최대넓이 정오각형 접기를 위한 준비

이제 자신감이 좀 생겼으니 새로운 도전을 해보겠습니다. 조금 더 어려운 최대넓이 정오각형을 접어 보는 것은 어떨까요? 아하하. 굉장히 어려울 것이 눈에 선하죠? 네. 그래서 미리 밑 준비가 필요합니다. 어떤 것이 필요한지 우선 최대넓이 정오각형을 보고 찾아보죠.

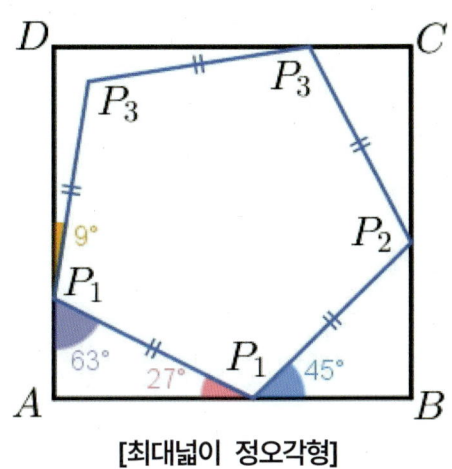

[최대넓이 정오각형]

그림을 보니 27°, 9°와 같은 각도에 대한 삼각함수 값이 필요할 것 같습니다. 63°의 경우 27°로 바로 나타나니 값만 써두면 좋을 것 같고요. 그럼 먼저 불편한 계산을 해두겠습니다. 바로 27°, 9°를 구하기 어려워서 18°를 구한 뒤 각각을 구해내겠습니다.

1) 18°의 삼각함수 값

우선 필요한 것이 있습니다. 바로 삼각함수의 배각, 3배각 공식입니다.

삼각함수의 배각공식	삼각함수의 3배각 공식
$\sin 2\alpha = 2\sin\alpha\cos\alpha$ $\cos 2\alpha = \cos^2\alpha - \sin^2\alpha = 2\cos^2\alpha - 1$ $\qquad\quad = 1 - 2\sin^2\alpha$ $\tan 2\alpha = \dfrac{2\tan\alpha}{1-\tan^2\alpha}$	$\sin 3\alpha = 3\sin\alpha - 4\sin^3\alpha$ $\cos 3\alpha = 4\cos^3\alpha - 3\cos\alpha$ $\tan 3\alpha = \dfrac{3\sin\alpha - 4\sin^3\alpha}{4\cos^3 - 3\cos\alpha}$

그럼 만들어 보겠습니다.

18° 또는 72°의 삼각함수 값

$A = 18°$라고 하자. 그러면 $5A = 2A + 3A = 90°$
$\sin 2A = \sin(90° - 3A) = \cos 3A$
  → $2\sin A \cos A = 4\cos^3 A - 3\cos A$
  → $2\sin A \cos A - 4\cos^3 A + 3\cos A = 0$
  → $\cos A(2\sin A - 4\cos^2 A + 3) = 0$
$\cos A = \cos 18° \neq 0$이므로 양변을 $\cos A$로 나누면
  → $2\sin A - 4(1 - \sin^2 A) + 3 = 0$
  → $4\sin^2 A + 2\sin A - 1 = 0$
  ∴ $\sin A = \dfrac{-1 + \sqrt{5}}{4}$ ($\sin A > 0$)

또한 $\cos A = \sqrt{1 - \sin^2 A} = \sqrt{1 - \left(\dfrac{-1+\sqrt{5}}{4}\right)^2} = \sqrt{\dfrac{10 + 2\sqrt{5}}{16}} = \dfrac{\sqrt{10 + 2\sqrt{5}}}{4}$

∴ $\sin 18° = \dfrac{-1+\sqrt{5}}{4}$, $\cos 18° = \dfrac{\sqrt{10+2\sqrt{5}}}{4}$

$\sin 72° = \cos 18° = \dfrac{\sqrt{10+2\sqrt{5}}}{4}$, $\cos 72° = \sin 18° = \dfrac{-1+\sqrt{5}}{4}$

36° 또는 54°의 삼각함수 값

$\cos 36° = 1 - 2\sin^2 18°$
  → $\cos 36° = 1 - 2\left(\dfrac{-1+\sqrt{5}}{4}\right)^2 = \dfrac{16 - 2(5 + 1 - 2\sqrt{5})}{16} = \dfrac{\sqrt{5}+1}{4}$

$\sin 36° = \sqrt{1 - \cos^2 36°} = \sqrt{1 - \left(\dfrac{\sqrt{5}+1}{4}\right)^2} = \sqrt{\dfrac{10 - 2\sqrt{5}}{16}} = \dfrac{\sqrt{10 - 2\sqrt{5}}}{4}$

∴ $\sin 36° = \dfrac{\sqrt{10-2\sqrt{5}}}{4}$, $\cos 36° = \dfrac{\sqrt{5}+1}{4}$

$\sin 54° = \cos 36° = \dfrac{\sqrt{5}+1}{4}$, $\cos 54° = \sin 36° = \dfrac{\sqrt{10-2\sqrt{5}}}{4}$

$27°$ 또는 $63°$의 삼각함수 값

$(\sin 27° + \cos 27°)^2 = \sin^2 27° + 2\sin 27° \cos 27° + \cos^2 27 = 1 + \sin 54°$

$\rightarrow (\sin 27° + \cos 27°)^2 = 1 + \dfrac{\sqrt{5}+1}{4} = \dfrac{5+\sqrt{5}}{4}$

$\rightarrow \sin 27° + \cos 27° = \sqrt{\dfrac{5+\sqrt{5}}{4}} = \dfrac{\sqrt{5+\sqrt{5}}}{2} \quad (\sin 27° + \cos 27° > 0)$

………①

$(\sin 27° - \cos 27°)^2 = \sin^2 27° - 2\sin 27° \cos 27° + \cos^2 27 = 1 - \sin 54°$

$\rightarrow (\sin 27° - \cos 27°)^2 = 1 - \dfrac{\sqrt{5}+1}{4} = \dfrac{3-\sqrt{5}}{4}$

$\rightarrow \sin 27° - \cos 27° = -\sqrt{\dfrac{3-\sqrt{5}}{4}} = -\dfrac{\sqrt{3-\sqrt{5}}}{2} (\sin 27° - \cos 27° < 0)$

…②

① + ② = $2\sin 27°$

$\rightarrow \sin 27° = \dfrac{1}{2}\left(\dfrac{\sqrt{5+\sqrt{5}}}{2} - \dfrac{\sqrt{3-\sqrt{5}}}{2}\right) = \dfrac{\sqrt{5+\sqrt{5}} - \sqrt{3-\sqrt{5}}}{4}$

① − ② = $2\cos 27°$

$\rightarrow \cos 27° = \dfrac{1}{2}\left(\dfrac{\sqrt{5+\sqrt{5}}}{2} + \dfrac{\sqrt{3-\sqrt{5}}}{2}\right) = \dfrac{\sqrt{5+\sqrt{5}} + \sqrt{3-\sqrt{5}}}{4}$

$9°$의 경우는 너무 어려워져서 생략했습니다. $\cos 9°$를 사용할 예정입니다만, 그 길이만 종이를 접어 만들어서 사용할 예정입니다.

참고로, $\cos 9° = \sqrt{\dfrac{4+\sqrt{10+2\sqrt{5}}}{8}}$ 라는 값이 나옵니다.

Ⅵ. 정확히 접을까? 잘 접을까? ~정다각형 접기에 대한 이야기~

다. 최대넓이 정오각형 접기 (1)

이제 최대넓이 정오각형을 접어 보겠습니다. 이 방법은 로베르트 게레트슈레거(2008)가 만든 방법입니다. 우선 어떤 방식으로 이루어지는지를 설명해드리겠습니다.

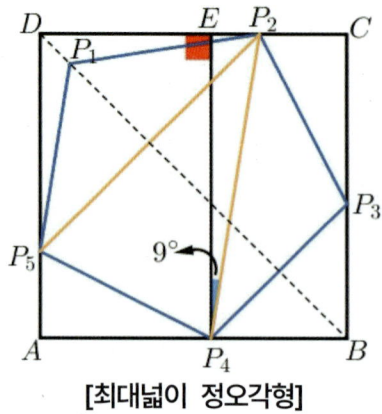

[최대넓이 정오각형]

먼저 $\angle P_2P_4E = \angle BP_4E - \angle BP_4P_3 - \angle P_3P_4P_2 = 90° - 45° - 36° = 9°$ 입니다. 즉, 대각선의 길이 $\overline{P_2P_4} = \dfrac{1}{\cos 9°}$ 가 되죠. 따라서 대각선 $\overline{P_2P_5} = \dfrac{1}{\cos 9°}$ 가 됩니다. 그런데, 점 P_2 와 P_5 는 정사각형의 대각선 $\overline{BD}$ 에 대해 대칭이므로 $\triangle P_2DP_5$ 는 직각이등변삼각형이죠. 따라서 $\overline{DP_2} = \dfrac{1}{\sqrt{2}} \times \dfrac{1}{\cos 9°}$ 가 됩니다. 즉 P_2 의 위치를 찾았습니다.

따라서 9°를 접을 수 있으면 $\cos 9°$ 를 접을 수 있으니, 점 P_2 와 P_5 를 모두 찾을 수 있게 됩니다. 이때, $\cos 36° = \dfrac{\sqrt{5}+1}{4} = \dfrac{\phi}{2}$ 인 것을 우리가 미리 찾아뒀죠. 자, 그러니 다음이 접어야 할 순서가 됩니다.

[최대넓이 정오각형을 접는 계획]

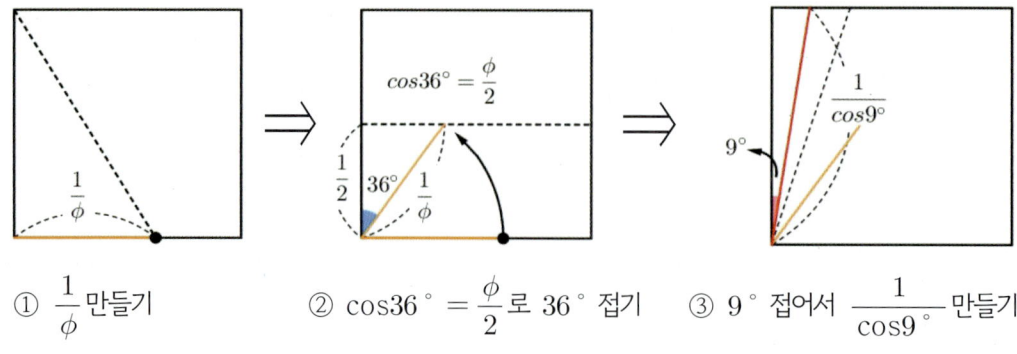

① $\dfrac{1}{\phi}$ 만들기   ② $\cos 36° = \dfrac{\phi}{2}$ 로 36° 접기   ③ 9° 접어서 $\dfrac{1}{\cos 9°}$ 만들기

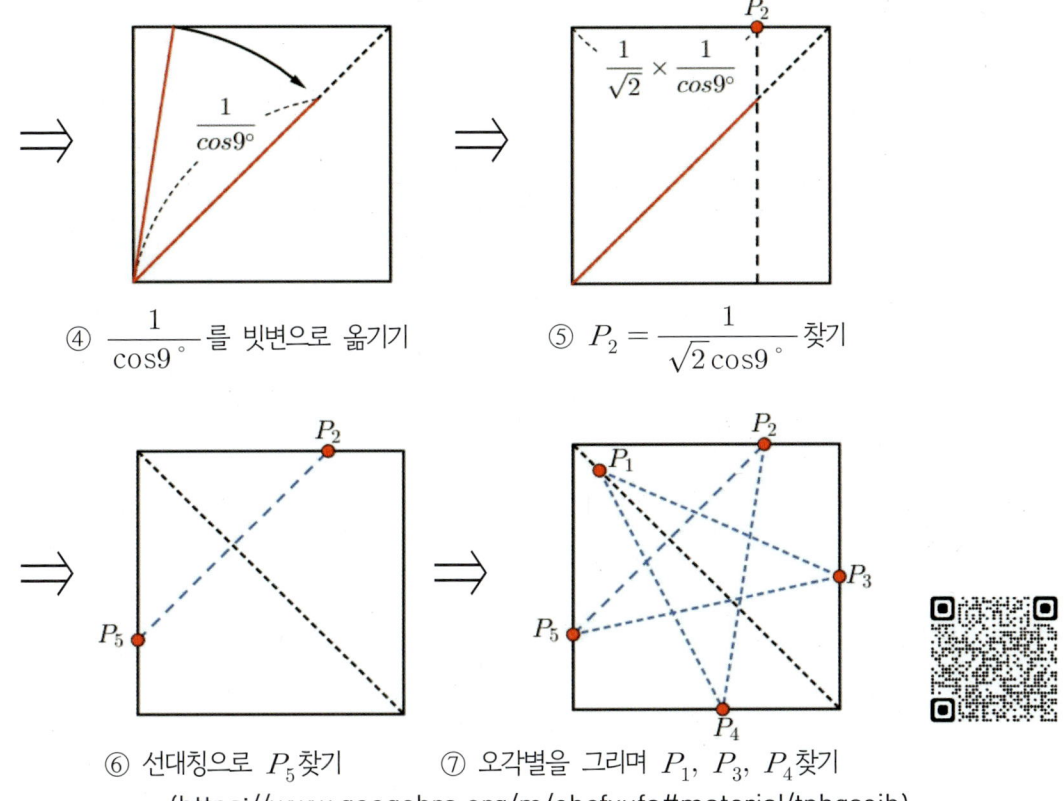

(https://www.geogebra.org/m/ehcfxufa#material/tpbgsejh)

그림 계획안에 따라 실제로 접어보겠습니다.

Ⅵ. 정확히 접을까? 잘 접을까? ~정다각형 접기에 대한 이야기~

[접는 법]

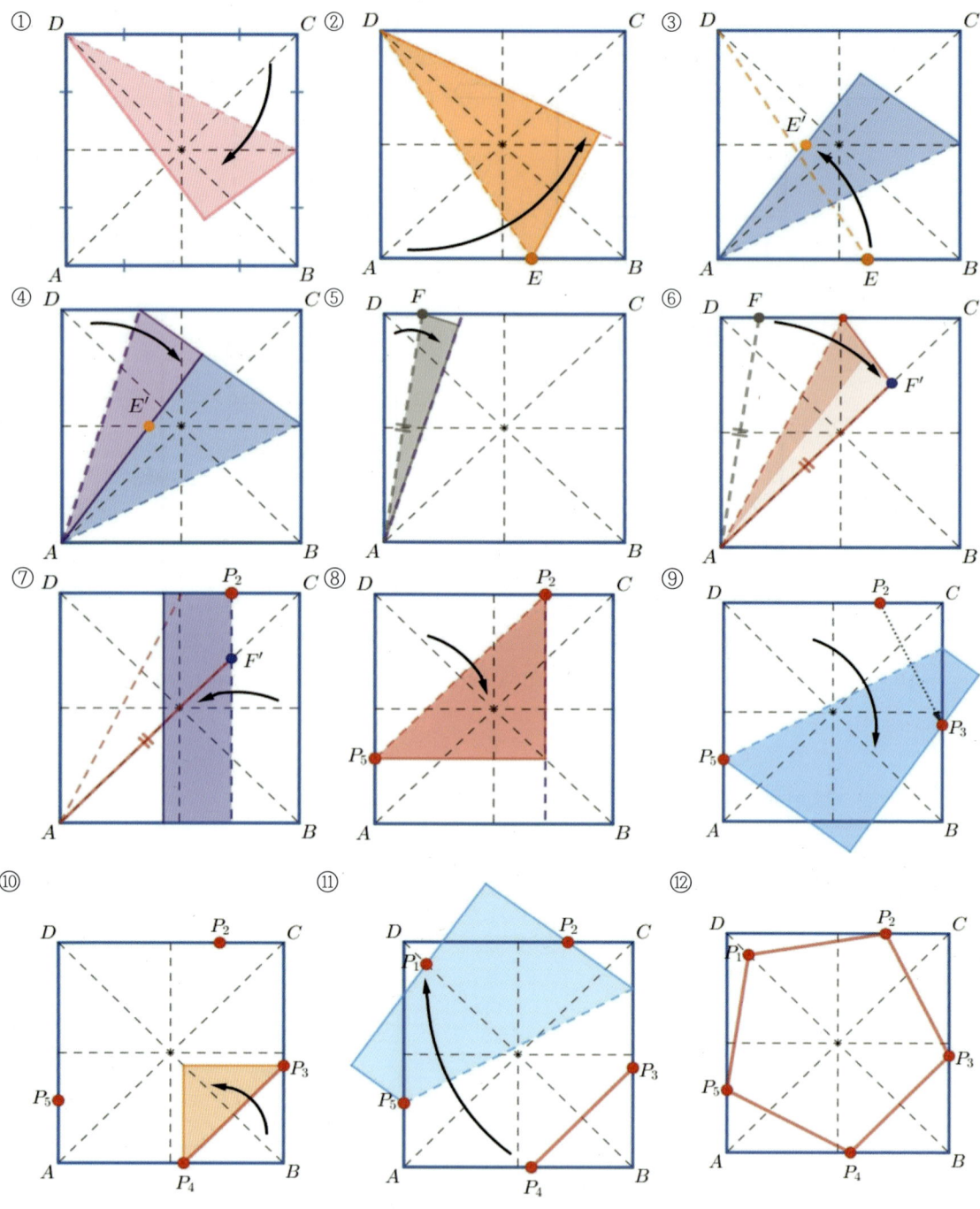

[최대넓이 정오각형 접기 (1)]
(https://www.geogebra.org/m/ehcfxufa#material/tpbgsejh)
출처 : Geometric Origami (로베르트 게레트슈레거)

라. 최대넓이 정오각형 접기 (2)

이번엔 다른 점의 위치를 구해서 최대넓이 정오각형을 접어볼까요? 앞의 방법이 주로 삼각비를 이용했다면, 이번 방법은 황금비율을 구한 뒤 종이접기의 사칙연산을 적극적으로 사용합니다. 앞서 방법보다 계산이 길지만 대신 종이접기의 사칙연산을 사용하는 모습을 관찰할 수 있어 같이 보여드립니다.

1) 밑변 위 최대넓이 정오각형의 꼭짓점의 위치는?

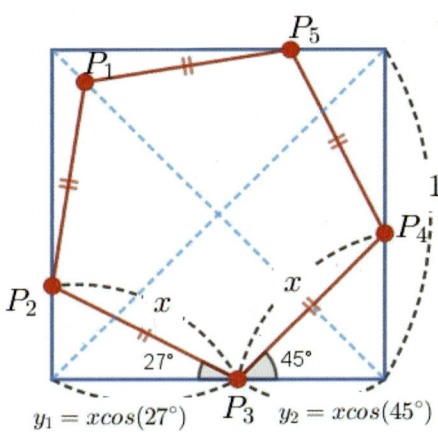

[최대넓이 정오각형에서 P_3의 위치]

정오각형 한 변의 길이를 x라 할 때, 최대넓이 정오각형에서 밑변 위의 꼭짓점 P_3의 위치에 대해서는 위와 같은 그림처럼 길이를 나타낼 수 있습니다. 여기서 y_2를 구할 수 있으면 점 P_3, P_4를 구할 수 있게 되어 정오각형을 만들 수 있게 됩니다.

밑변의 길이가 1이므로 $y_1 + y_2 = 1$ 입니다.

$$\rightarrow y_1 + y_2 = x\cos 27° + x\cos 45° = x(\cos 27° + \cos 45°) = 1$$

$$\rightarrow x = \frac{1}{\cos 27° + \cos 45°}$$

따라서 $y_2 = \dfrac{\cos 27°}{\cos 27° + \cos 45°}$ 임을 알 수 있습니다. 이 위치를 이중근호를 이용하는 복잡하고 긴 계산[2]을 하거나, 혹은 울프람 알파(Wolfram Alpha)[3]를 이용해 계산을 하면 다음의 값을 얻을 수 있습니다.

---

[2] 계산과정은 추가 읽기자료로 뒤에 있습니다.
[3] https://www.wolframalpha.com/input/?i=cos%28pi%2F4%29%2F%28cos%283pi%2F20%29%2Bcos%28pi%2F4%29%29

$$y_2 = \frac{1+\sqrt{5}}{2} - \frac{\sqrt{10-2\sqrt{5}}}{2}$$

이때, $\phi = \frac{1+\sqrt{5}}{2}$ 이므로 y_2를 ϕ에 대해 정리하면 다음과 같은 식을 얻을 수 있습니다.

$$y_2 = \phi - \sqrt{\left(\frac{1}{\phi}\right)^2 + 1^2}$$

즉, 우리는 황금비율을 접고 종이접기의 사칙연산을 반복하면, 꼭짓점 P_3의 위치를 찾을 수 있게 된 것이죠. 다만 $\phi = 1.618\cdots$이 되므로 종이를 벗어나기 때문에, 절반의 길이를 찾고자 합니다.

즉, $\frac{1}{2}y_2 = \frac{1}{2}\left(\phi - \sqrt{\left(\frac{1}{\phi}\right)^2 + 1^2}\right)$를 구하겠습니다.

최대넓이 정오각형 접기의 목표 및 접기 계획

1. 황금 직사각형을 접어서 $\frac{1}{\phi}$를 찾자.

2. $\frac{\phi}{2}$는 황금 직사각형을 이용해 닮음으로 찾아내자. $\left(1 : \frac{1}{\phi} = x : \frac{1}{2} \rightarrow x = \frac{\phi}{2}\right)$

3. $\sqrt{\left(\frac{1}{\phi}\right)^2 + 1^2}$는 $\frac{1}{\phi}$와 1을 각각 밑변과 높이로 갖는 직각삼각형을 만들면, 피타고라스 정리에 따라 빗변의 길이가 된다. 실제로는 절반의 길이로 만든다.

4. 2, 3에서 구한 길이로 종이접기의 뺄셈을 하여 $\frac{1}{2}y_2$를 구한다.

5. $\frac{1}{2}y_2$를 2배하면 y_2 그러니까 P_3를 구할 수 있다.

6. 45°로 접어서 P_4를 찾는다.

7. $\overline{P_3P_4}$로 컴퍼스 접기 및 정오각형의 대칭축을 접어서 남은 정오각형의 세 꼭짓점을 찾는다.

[접는 법]

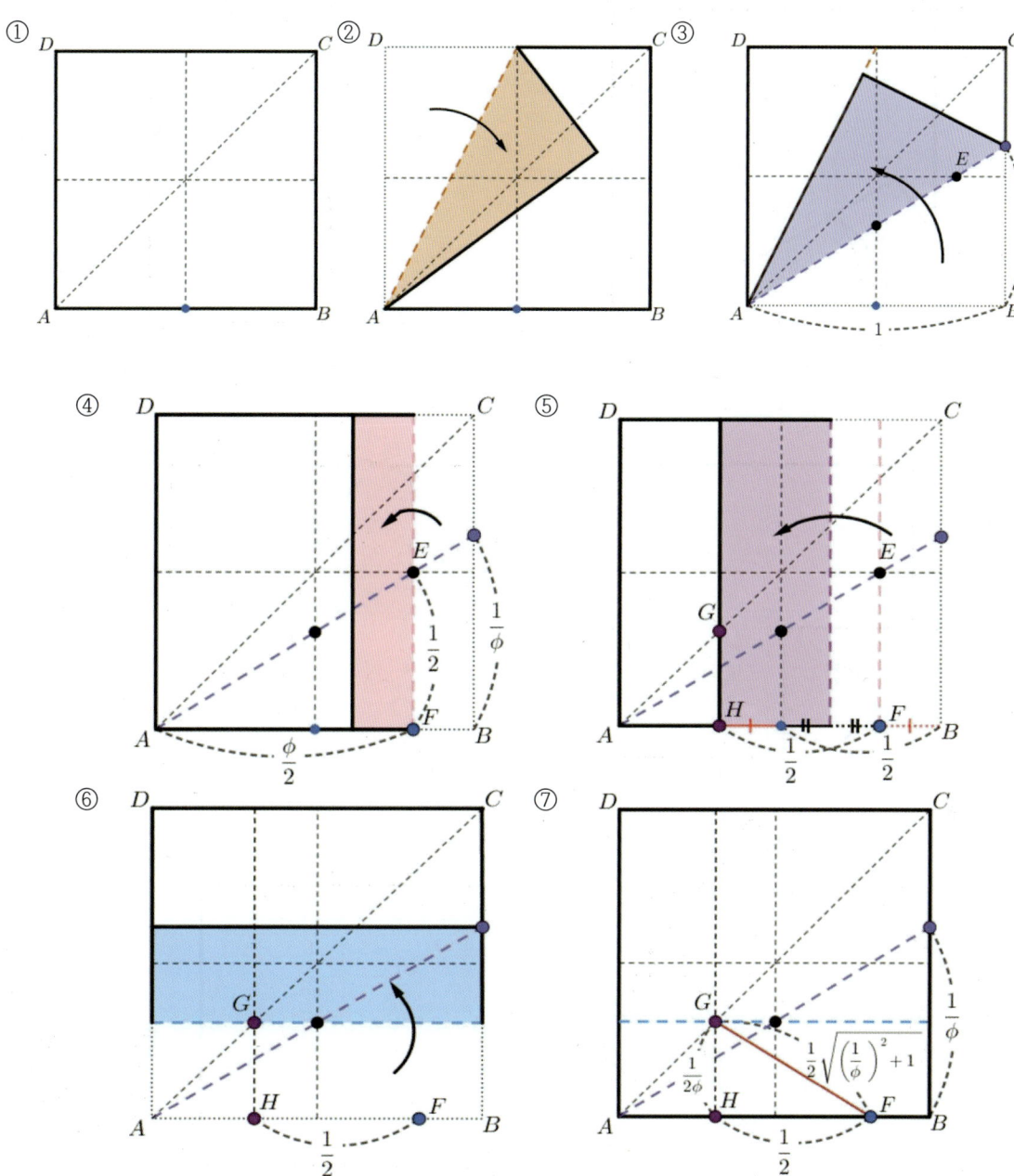

Ⅵ. 정확히 접을까? 잘 접을까? ~정다각형 접기에 대한 이야기~

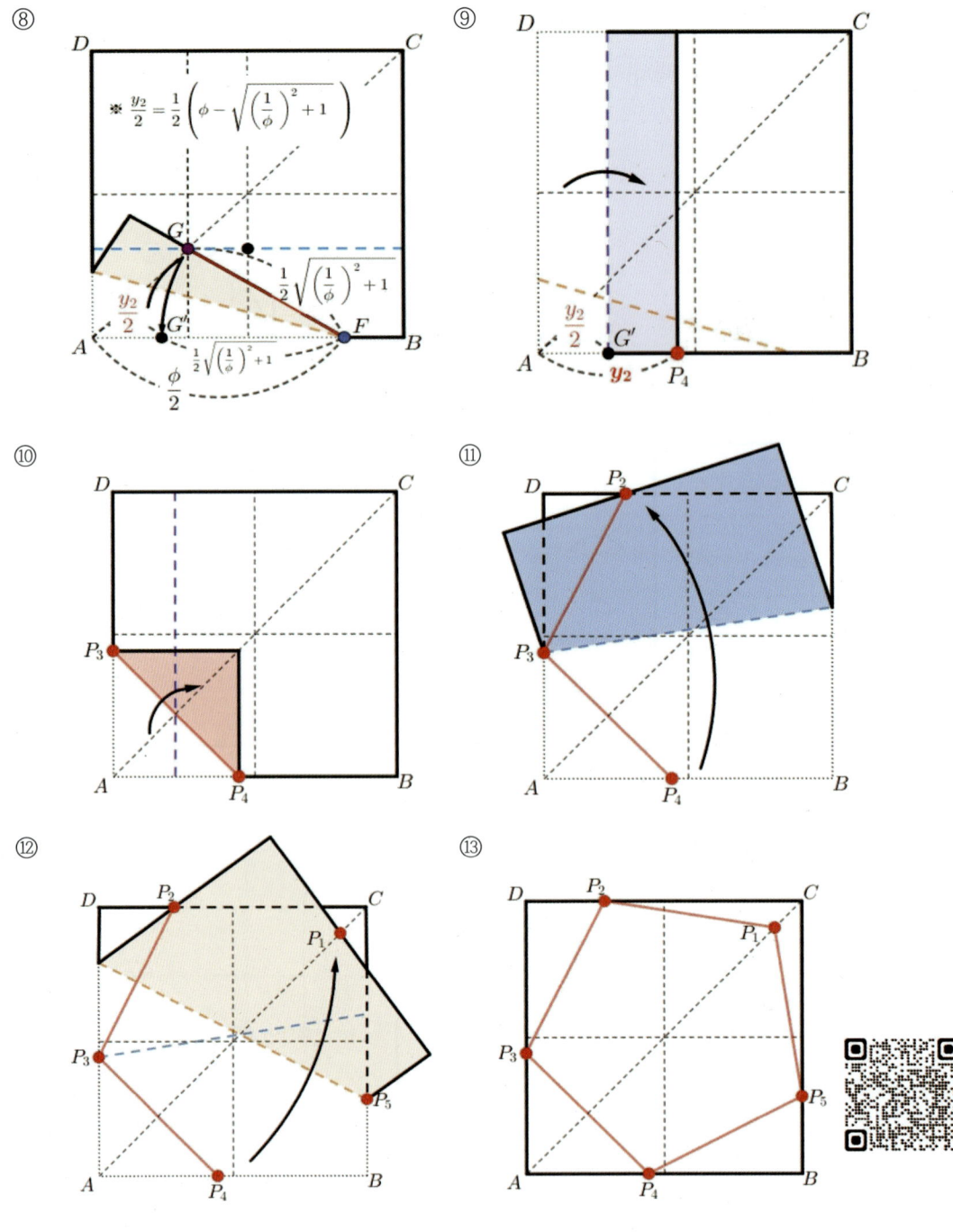

[최대넓이 정오각형 접기 (2)]
(https://www.geogebra.org/m/ehcfxufa#material/q3p7uxat)

계산식을 같이 넣어보니 그림이 좀 복잡하죠? 예전에 '최대넓이 정오각형 접기를 어떻게 하면 만들 수 있을까?'를 궁리하면서 만들었던 방법입니다. 그때에는 이중근호를 정리하는 복잡한 계산을 울프람알파를 통해 해결했기 때문에 접는 방법에만 집중해서 나쁘지 않은 방법이라고 생각했는데, 이중근호의 정리 과정을 직접 계산해보니 그 과정이 너무 길어서 아쉬운 방법입니다. "이렇게도 만들 수 있구나." 정도로 참고해주면 감사하겠습니다.

반면, 앞서 보았던 「최대넓이 정오각형 접기(1)」의 방법은 거꾸로 접기 방법만 볼 때에는 복잡해 보여서 어려워 보였는데, 원래는 의외로 단순하였기에 방법을 만든 수학자의 아이디어에 감탄하였습니다.

혹시 눈치채셨나요? 지난 「IV. 내가 원하는 길이 접기」때, 접는 것이 가능한지 물어보았던 무리수 길이들은 거의 다 접거나 만드는 방법을 제시하였는데, 하나만 은근슬쩍 언급하지 않고 넘어갔습니다. 네, 그 숫자가 바로 이번에 만든 $\frac{1+\sqrt{5}}{2} - \frac{\sqrt{10-2\sqrt{5}}}{2}$ 입니다. 드디어 만들어냈습니다! 여기까지 접어온 독자분들께 박수를 보냅니다.

[참고자료 : $y_2 = \dfrac{\cos 45°}{\cos 27° + \cos 45°}$의 값의 계산과 정리]

$$y_2 = \frac{\cos 45°}{\cos 27° + \cos 45°} = \frac{\dfrac{1}{\sqrt{2}}}{\dfrac{\sqrt{5+\sqrt{5}} + \sqrt{3-\sqrt{5}}}{4} + \dfrac{1}{\sqrt{2}}}$$

$$= \frac{4}{\sqrt{10+2\sqrt{5}} + \sqrt{6-2\sqrt{5}} + 4} = \frac{1}{\sqrt{10+2\sqrt{5}} + \sqrt{(\sqrt{5}-1)^2} + 4}$$

$$= \frac{4}{\sqrt{10+2\sqrt{5}} + \sqrt{5}+3}$$

이때, $a = \sqrt{5}+1$, $b=2$ 로 두면
→ $a^2 + b^2 = 6 + 2\sqrt{5} + 4 = 10 + 2\sqrt{5}$, $a+b = \sqrt{5}+3$

따라서 y_2를 a, b를 이용하여 나타내면

$$y_2 = \frac{4}{a+b+\sqrt{a^2+b^2}} = \frac{4}{a+b+\sqrt{a^2+b^2}} \times \frac{a+b-\sqrt{a^2+b^2}}{a+b-\sqrt{a^2+b^2}}$$

$$= \frac{4(a+b-\sqrt{a^2+b^2})}{2ab} = \frac{4(\sqrt{5}+3-\sqrt{10+2\sqrt{5}})}{2\times(\sqrt{5}+1)\times 2} = \frac{\sqrt{5}+3-\sqrt{10+2\sqrt{5}}}{\sqrt{5}+1}$$

$$= \frac{(\sqrt{5}+3-\sqrt{10+2\sqrt{5}})(\sqrt{5}-1)}{(\sqrt{5}+1)(\sqrt{5}-1)}$$

$$= \frac{(5-3+2\sqrt{5})-(\sqrt{10+2\sqrt{5}})(\sqrt{5}-1)}{4}$$

$$= \frac{(2+2\sqrt{5})-(\sqrt{10+2\sqrt{5}})(\sqrt{6-2\sqrt{5}})}{4}$$

$$= \frac{1+\sqrt{5}}{2} - \frac{\sqrt{60-20-8\sqrt{5}}}{4} = \frac{1+\sqrt{5}}{2} - \frac{\sqrt{40-8\sqrt{5}}}{4}$$

$$= \frac{1+\sqrt{5}}{2} - \frac{\sqrt{10-2\sqrt{5}}}{2} = \frac{1+\sqrt{5}}{2} - \sqrt{\frac{10-2\sqrt{5}}{4}}$$

이때, $\phi = \frac{1+\sqrt{5}}{2}$ 이므로

$$y_2 = \phi - \sqrt{\frac{6-2\sqrt{5}+4}{4}} = \phi - \sqrt{\left(\frac{1-\sqrt{5}}{2}\right)^2 + 1} = \phi - \sqrt{\left(\frac{2}{1+\sqrt{5}}\right)^2 + 1^2}$$

$$= \phi - \sqrt{\left(\frac{1}{\phi}\right)^2 + 1}$$

$$\therefore y_2 = \phi - \sqrt{\left(\frac{1}{\phi}\right)^2 + 1}$$

[참고자료2 : 정오각형의 좌표와 황금비율 ϕ]

정오각형의 무게 중심을 좌표평면의 원점에 두고 한 꼭짓점을 $(1,0)$ 위에 놓았다면, 그 때 다른 꼭짓점의 좌표는 아래 그림과 같습니다.

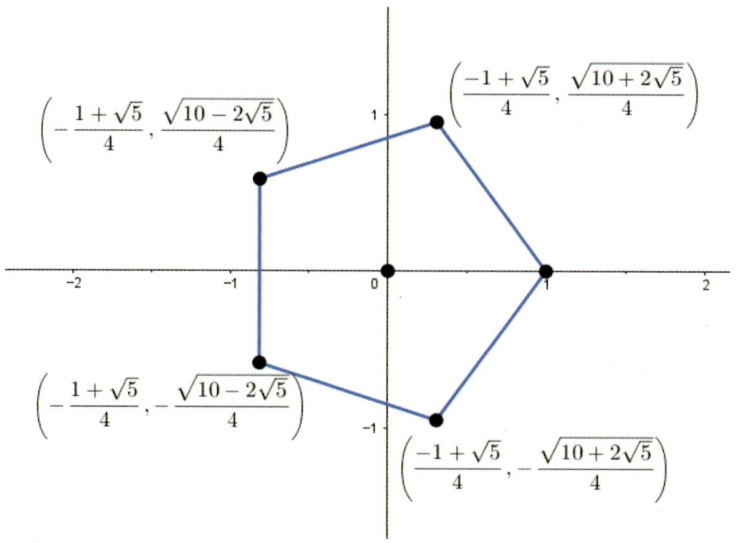

다른 꼭짓점의 위치를 종이접기 혹은 작도로 만들 수 있다면 정오각형을 만들 수 있습니다. 그런데 저 복잡해 보이는 좌표는 어떻게 만들 수 있을까요? 일견 어려울 것 같지만, 이미 우리는 이미 저 무리수보다 어려운 숫자를 종이로 접어냈습니다. 그리고 그 숫자가 황금비율 ϕ을 이용해 표현할 수 있음도 보았고요.

다시 무리수를 보세요. 이미 황금비율 ϕ로 만들었던 무리수입니다.

각 좌푯값의 기하학적 해석 : 황금비율로 표현하기

1) $\dfrac{-1+\sqrt{5}}{4} = \dfrac{(-1+\sqrt{5})\times(1+\sqrt{5})}{4\times(1+\sqrt{5})} = \dfrac{4}{4(1+\sqrt{5})} = \dfrac{1}{1+\sqrt{5}}$

$= \dfrac{1}{2}\times\left(\dfrac{2}{1+\sqrt{5}}\right) = \dfrac{1}{2\phi}$

(기하학적 해석)

→ $\dfrac{1}{2\phi}$ = "긴 변의 길이가 1인 황금 직사각형4)의 짧은 변의 길이"의 절반

2) $\dfrac{\sqrt{10+2\sqrt{5}}}{4} = \dfrac{\sqrt{6+2\sqrt{5}+4}}{2\times 2} = \dfrac{1}{2}\sqrt{\dfrac{6+2\sqrt{5}}{4}+\dfrac{4}{4}}$

$= \dfrac{1}{2}\sqrt{\left(\dfrac{1+\sqrt{5}}{2}\right)^2+1^2} = \dfrac{1}{2}\sqrt{\phi^2+1^2} = \sqrt{\left(\dfrac{\phi}{2}\right)^2+\left(\dfrac{1}{2}\right)^2}$

(기하학적 해석)

→ ϕ와 1로 이루어진 직각삼각형의 대각선의 절반 = 황금 직사각형의 대각선의 절반

3) $\dfrac{1+\sqrt{5}}{4} = \dfrac{1}{2}\times\dfrac{1+\sqrt{5}}{2} = \dfrac{\phi}{2}$

(기하학적 해석)

→ 황금비율의 절반 = "황금 직사각형의 긴 변의 길이"의 절반

4) $\dfrac{\sqrt{10-2\sqrt{5}}}{4} = \dfrac{\sqrt{6-2\sqrt{5}+4}}{2\times 2} = \dfrac{1}{2}\sqrt{\dfrac{6-2\sqrt{5}}{4}+\dfrac{4}{4}}$

$= \dfrac{1}{2}\sqrt{\left(\dfrac{1-\sqrt{5}}{2}\right)^2+1^2} = \dfrac{1}{2}\sqrt{\left(\dfrac{2}{1+\sqrt{5}}\right)^2+1^2} = \dfrac{1}{2}\sqrt{\left(\dfrac{1}{\phi}\right)^2+1^2} = \sqrt{\left(\dfrac{1}{2\phi}\right)^2+\left(\dfrac{1}{2}\right)^2}$

(기하학적 해석)

→ 긴 변의 길이가 1인 황금 직사각형의 대각선의 절반

5) 한 변의 길이 : $s = \sqrt{\dfrac{5-\sqrt{5}}{2}}$ $s = \sqrt{\dfrac{5-\sqrt{5}}{2}} = \sqrt{\left(\dfrac{1}{\phi}\right)^2 + 1^2}$

$\left(-\dfrac{\phi}{2}, \dfrac{1}{2}\sqrt{\left(\dfrac{1}{\phi}\right)^2 + 1^2}\right)$

$\left(\dfrac{1}{2\phi}, \dfrac{1}{2}\sqrt{\phi^2 + 1^2}\right)$

$(1, 0)$

$\dfrac{\phi}{2}$

$\left(-\dfrac{\phi}{2}, -\dfrac{1}{2}\sqrt{\left(\dfrac{1}{\phi}\right)^2 + 1^2}\right)$

$\sqrt{\left(\dfrac{1}{\phi}\right)^2 + 1^2}$

$\left(\dfrac{1}{2\phi}, -\dfrac{1}{2}\sqrt{\phi^2 + 1^2}\right)$

---

4) 가로길이와 세로 길이가 $\phi : 1$ 인 직사각형

VII. 작도의 한계를 넘어서

앞서 정오각형을 접을 때 나타난 이상한 무리수 $\frac{\sqrt{10-2\sqrt{5}}}{4}$는 $\frac{\sqrt{10-2\sqrt{5}}}{4}$ $=\frac{1}{2}\sqrt{\left(\frac{1}{\phi}\right)^2+1^2}$ 꼴로 바꿀 수 있어, 긴 변의 길이가 1인 황금 직사각형을 만든 다음 그 대각선 길이의 절반을 사용하여 만들 수 있었습니다. 그런데 이 방법처럼 항상 좋은 접기 방법을 찾을 수 있는 것은 아닐 것입니다. 그러면 어떻게 접죠?

우리는 앞서 종이접기로 작도불능문제 중 2가지를 해결할 수 있다고 언급하였습니다. 입방배적문제나 임의의 각의 3등분 문제가 바로 그것이죠. 예를 들어 입방배적문제라면 원래 정육면체의 2배 부피를 갖는 새로운 정육면체를 만들어야 하니, 변의 길이가 $\sqrt[3]{2}$ 배가 되어야 합니다. 즉, $\sqrt[3]{2}$ 라는 길이를 찾아내야 합니다. 아니 이건 또 어떻게 접는다는 말이죠? 이 말은 결국 $x^3-2=0$ 이라는 방정식의 해를 찾는 문제로 치환되니, "종이접기로 방정식을 해결할 수 있는가?"로 문제가 바뀝니다.

과연 종이접기는 어떤 방정식을 해결할 수 있을까요? 이번 장은 그에 관해 탐구를 해보고자 합니다.

1 작도불능문제와 종이접기

그리스 시절 제시된 3대 작도불능문제는 참 오랜 시간 사람들을 괴롭혀왔습니다. 자와 컴퍼스만으로 이를 해결하려는 많은 노력은 번번이 수포가 되었고, 이를 해결한 것으로 여겨지는 방법들은 실은 새로운 도구를 사용한 방법이거나 혹은 오류가 숨어있었습니다. 하지만 공리가 달라진 종이접기 속 세상에서는 이 중 2가지 문제의 해결이 가능합니다. 네, 종이접기의 세상 또한 새로운 도구를 사용하는 방법이거든요. 자, 어떻게 종이접기의 방법으로 작도 불능 문제를 해결하는지 살펴볼까요?

가. 임의의 각의 3등분

아래 방법은 아베 히사시(阿部恒)가 발견한[5] 임의의 각의 3등분을 접는 방법입니다.

[접는 법]

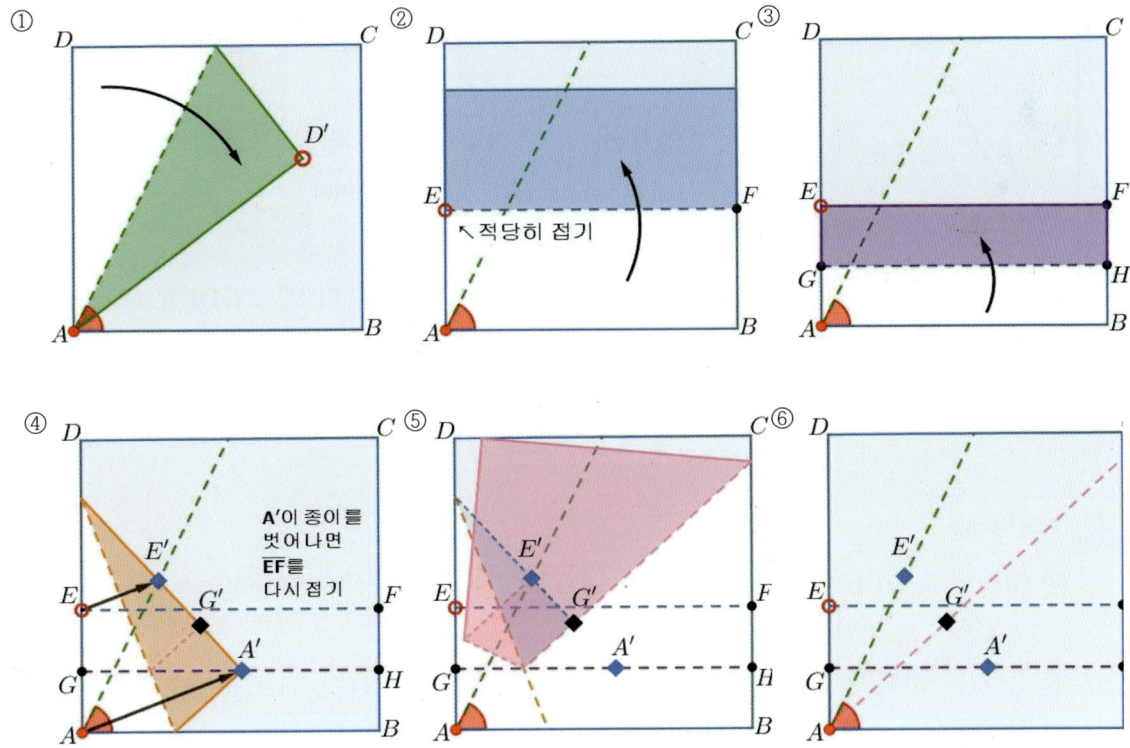

---
5) 『수학세미나(数学セミナー)』 (1980년 7월호)에 발표

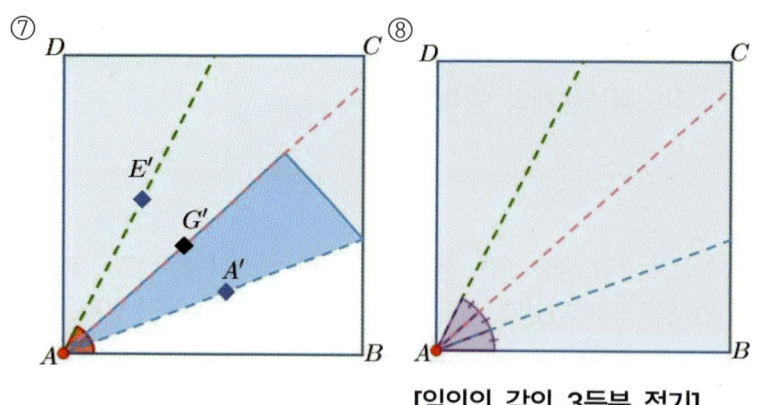

[임의의 각의 3등분 접기]

(https://www.geogebra.org/m/ehcfxufa#material/ryssq9mu)

출처 : 멋지다 종이접기(すごいぞ折り紙) (아베 히사시)

멋있지 않나요? 깔끔하게 각이 3등분 되었습니다. 왜 이것이 가능할까요?

[왜냐하면]

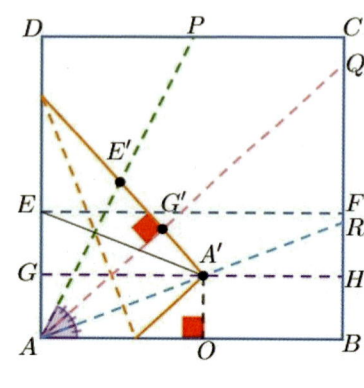

(1) ⑤ → ⑥ 이 가능한 이유 : $\overrightarrow{QG'}$은 A를 지나는가?

$\overline{EG} = \overline{AG}$이므로 $\triangle AA'E$는 이등변삼각형이다.

→ $\overline{A'A} = \overline{A'E}$

④에서 $A \to A'$, $E \to E'$ 가 되도록 접었으므로 $\overline{AE'}$과 $\overline{A'E}$는 서로 선대칭이다.

→ $\overline{AE'} = \overline{A'E}$

따라서 $\overline{A'A} = \overline{A'E} = \overline{AE'}$ 이므로 $\triangle AA'E'$도 이등변삼각형이 된다.

⑤에 따라 $\overrightarrow{QG'}$는 $\overline{A'E'}$의 수직이등분선이므로 $\overrightarrow{QG'}$는 점 A를 지난다.

(2) 각의 3등분

ⓐ (1)에서 $\triangle AA'E'$가 이등변삼각형으로 $\overline{AG'}$은 $\overline{A'E'}$의 수직이등분선이므로 $\angle EAG' = \angle A'AG'$이다.

ⓑ 점 G의 선대칭한 점이 G'이므로 $\overline{AG} = \overline{A'G'}$, $\overline{A'G} = \overline{AG'}$, $\overline{AA'}$은 공통으로 $\triangle AA'G \equiv \triangle A'AG'$이 된다. 따라서 $\angle A'AG' = \angle AA'G$

$\angle AA'G$와 $\angle A'AO$는 서로 엇각이므로 $\angle AA'G = \angle A'AO$

∠A'AG' = ∠A'AO가 되므로 △A'AG' ≡ △A'AO (RHA 합동)
∴ ∠A'AG = ∠A'AO
ⓒ ∠EAG' = ∠A'AG' = ∠A'AO 이므로 ∠EAO를 3등분하였다. ■

그런데 삼각함수의 3배각 공식에 따르면

$$\cos 3\theta = 3\cos\theta - 4\cos^3\theta$$

입니다. 이때, $\cos 3\theta$는 이미 주어진 값이니 상수 A로 두고, $\cos\theta = x$로 두어 위 식을 정리하면

$$A = 3x - 4x^3 \quad \to \quad 4x^3 - 3x + A = 0$$

이 됩니다. 실은 저 문제는 3차방정식 $4x^3 - 3x + A = 0$을 해결하는 문제였던 것이죠.

나. 입방배적문제

아래 방법은 피터 메서(Peter Messer)가 발견한[6] $\sqrt[3]{2}$를 만드는 정말 우아한 방법입니다.

[접는 법]

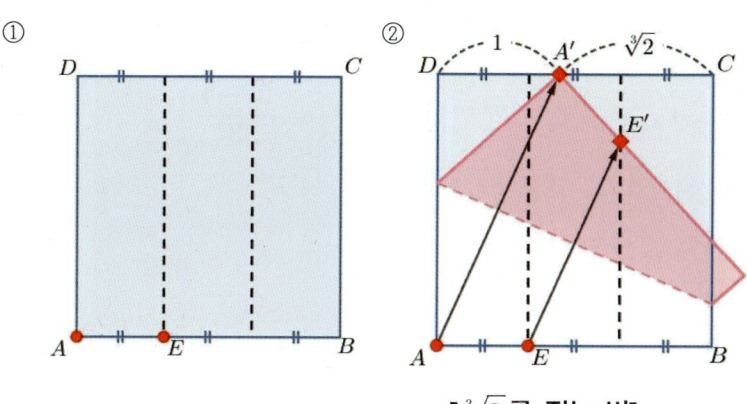

[$\sqrt[3]{2}$를 접는 법]

(https://www.geogebra.org/m/ehcfxufa#material/dhvbk3ct)

출처 : Geometric Origami (로베르트 게레트슈레거)

종이를 3등분한 뒤에 한 번에 접어내는 모습이 정말 경탄스럽기까지 합니다.
왜 $\overline{A'D} : \overline{A'C} = 1 : \sqrt[3]{2}$ 인지 살펴보죠.

---

6) Peter Messer, Problem 1054, Crux Mathematicorum, Vol.12, No.10, Dec. 1986

[왜냐하면]

목표 : $\triangle GDA'$ 과 $\triangle A'FE'$ 이 닮음임을 이용해 a 값을 구한다.

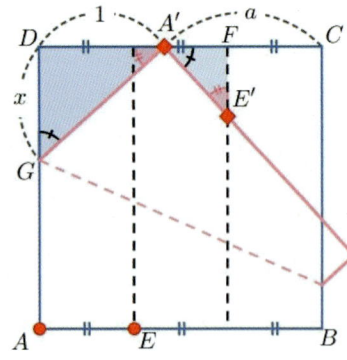

(1) $\overline{GD} = x$ 를 a 로 표현하자.

□$ABCD$의 한 변의 길이는 $1+a$ 이다.

따라서 $\overline{GD} = x$ 라 하면,

$\overline{AG} = \overline{A'G} = 1+a-x$

$\triangle GDA'$ 은 직각삼각형이므로 피타고라스 정리에 의해

$\overline{GD}^2 + \overline{A'D}^2 = \overline{A'G}^2$

$\rightarrow 1^2 + x^2 = (1+a-x)^2$

$\rightarrow 1 + x^2 = 1 + a^2 + x^2 + 2a - 2ax - 2x$

$\rightarrow 2ax + x = 2a + a^2$

$\rightarrow x = \dfrac{a(a+2)}{2(a+1)}$

(2) $\overline{A'G} = 1+a-x = 1+a - \dfrac{a^2+2a}{2(a+1)} = \dfrac{a^2+2a+2}{2a+1}$

(3) $\overline{A'E'} = \overline{AE} = \dfrac{1+a}{3}$, $\overline{A'F} = \overline{A'C} - \overline{FC} = a - \dfrac{1+a}{3} = \dfrac{2a-1}{3}$

(4) $\triangle GDA'$ 과 $\triangle A'FE'$ 이 닮음이므로 $\overline{A'G} : \overline{GD} = \overline{A'E'} : \overline{A'F}$

$\rightarrow \dfrac{a^2+2a+2}{2(a+1)} : \dfrac{a^2+2a}{2(a+1)} = \dfrac{a+1}{3} : \dfrac{2a-1}{3}$

$\rightarrow (2a-1)(a^2+2a+2) = (a+1)(a^2+2a)$

$\rightarrow 2a^3 + 3a^2 + 2a - 2 = a^3 + 3a^2 + 2a$

$\rightarrow a^3 - 2 = 0$

$\therefore a = \sqrt[3]{2}$ ∎

다른 방법도 존재합니다. 바로 처음 $\sqrt[3]{2}$ 의 값을 종이접기로 만드는 법을 찾아낸 벨로치(Margherita Piazzola Beloch, 1879~1976)의 방법입니다.

다. 입방배적문제를 해결하는 또다른 종이접기

아래와 같이 우선 2사분면에 $1 : a$의 길이의 비를 갖는 직각삼각형을 그리고 그 끝에서 직각으로 선을 이어나가겠습니다. 그림을 작성하기 위해 편의상 $a > 1$이라고 가정하고 그려나가겠습니다. 그러면 아래 그림처럼 새로이 x축, y축과 닮음인 직각삼각형을 그리면서 커져 나가는 나선이 만들어지게 됩니다.

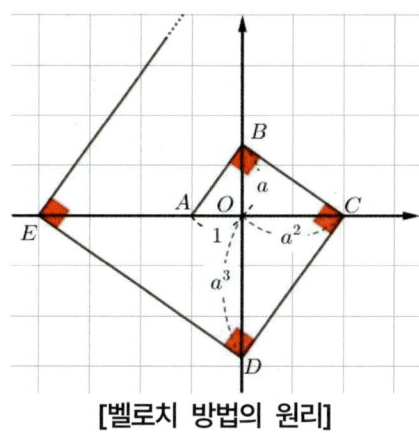

[벨로치 방법의 원리]

이때, $\overline{OA} = 1$, $\overline{OB} = a$로 두면 $\overline{OC} = a^2$, $\overline{OD} = a^3$가 됩니다. 거꾸로 $\overline{OD} = n$이라고 한다면, $\overline{OB} = \sqrt[3]{n}$이 되는 것이죠. 이렇게 되도록 종이를 접어보겠습니다.

[접는 법]

①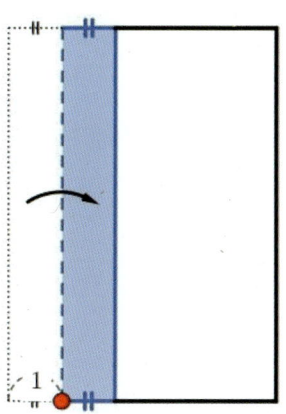

②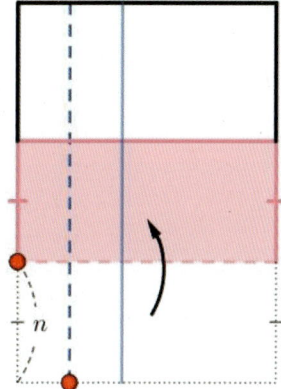

③ 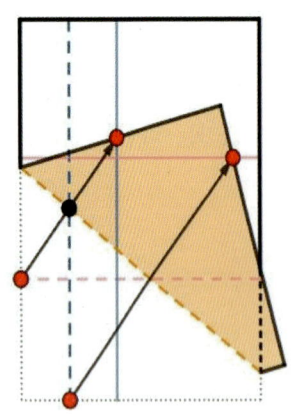 ④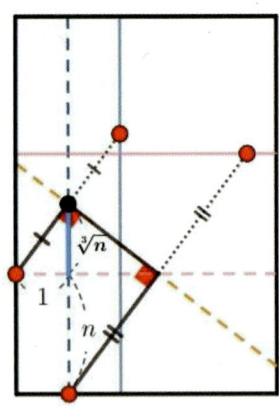

[$\sqrt[3]{n}$을 접는 벨로치의 방법]

(https://www.geogebra.org/m/ehcfxufa#material/qdcja9kw)

출처 : 멋지다 종이접기(すごいぞ折り紙) (아베 히사시)

네, 이 문제 또한 $a^3 - 2 = 0$이라는 삼차방정식의 해를 구하는 것임을 잘 알고 있습니다.

삼차방정식에 있어 일차식과 이차식의 곱으로 인수분해가 되는 경우에만 그 방정식의 해가 작도 가능한 수임이 피에르 방첼(Pierre Wantzel, 1814~1848)에 의해 증명되었습니다. 따라서 임의의 A에 대해 $4x^3 - 3x + A = 0$의 해를 항상 작도하는 것은 불가능합니다. 일차식과 이차식의 곱으로 나타낼 수 없는 A가 존재하니까요. $a^3 - 2 = 0$도 마찬가지로 일차식과 이차식의 곱으로 나타낼 수 없으므로 $\sqrt[3]{2}$는 작도 불가능합니다.

그렇다면 어째서 종이접기는 가능한 것일까요? 종이접기로는 어떤 방정식의 해를 구할 수 있을까요?

2 일차방정식과 종이접기

위 질문에 대답하기 위해 종이접기가 해결 가능한 방정식을 찾아 나가고자 합니다. 그 첫 번째는 일차방정식입니다. 제목은 거창합니다만 이미 이 부분은 우리가 지난번까지 실컷 해결하려고 노력한 결과물입니다. 일차방정식은 항상 다음의 모습을 갖게 되죠?

$$ax+b=0 \quad (a \neq 0)$$

이때 일차방정식 $ax+b=0$의 해를 구하면 $x=-\dfrac{b}{a}$가 됩니다. 우리의 편의상 a, b를 정수라고 하면 $x=-\dfrac{b}{a}$는 유리수가 되죠. 네, 「$\dfrac{1}{n}$은 어떻게 접을까?」, 「하가의 정리」, 「종이접기의 나눗셈」 등으로 만들 수 있는 다양한 유리수와 제곱근들을 우리는 찾아보았습니다. 다시 말해, 해를 유리수로 갖는 일차방정식은 종이접기로 해결할 수 있습니다.

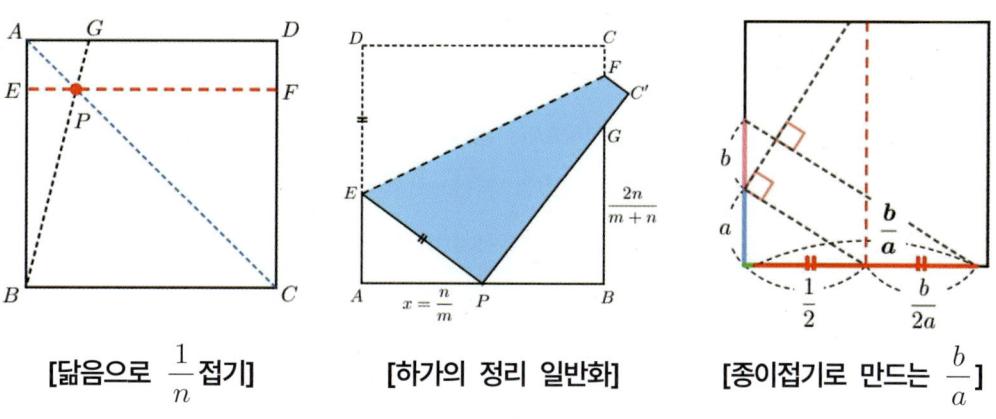

[닮음으로 $\dfrac{1}{n}$ 접기]　　　[하가의 정리 일반화]　　　[종이접기로 만드는 $\dfrac{b}{a}$]

Ⅵ. 정확히 접을까? 잘 접을까? ~정다각형 접기에 대한 이야기~

3　이차방정식과 작도 그리고 종이접기

우리의 롤모델 작도는 어떤 것을 해낼 수 있는지를 먼저 살펴보고 진행하는 편이 더 좋겠죠? 작도로 이차방정식을 해결하는 방법을 찾은 뒤 이를 종이접기로 바꿔보겠습니다.

이차방정식이 하나 있다고 합시다.

$$ax^2+bx+c=0 \quad (a \neq 0)$$

일반적으로 이 이차방정식의 해를 작도 가능하다는 점이 알려져 있습니다

어떻게 가능한 것일까요? 우선 편의를 위해 이차방정식의 양변을 a로 나누어서 $p=\dfrac{b}{a}$, $q=\dfrac{c}{a}$ 라고 합시다.

$$ax^2+bx+c=0 \;\rightarrow\; x^2+px+q=0$$

이때, 두 점 $A=(-p,q)$과 $B=(0,1)$을 좌표평면에 표시하여 봅시다. 또한 $\overline{AB}$의 중점 $M=\left(-\dfrac{p}{2},\dfrac{q+1}{2}\right)$을 중심으로 하고 $\overline{AB}$를 지름으로 하는 원 c를 그리면, c와 x축과의 교점의 x좌표가 바로 주어진 방정식 $x^2+px+q=0$의 근이 됩니다.

예를 들어
$x^2-4x+3=0$의 근을 작도로 찾는다고 합시다. 이 경우 $p=-4$, $q=3$이므로 $A=(4,3)$과 $B=(0,1)$을 좌표평면에 표시합니다. 그런 다음 두 점의 중점을 찾아 원의 중심으로 하고, $\overline{AB}$를 지름으로 하는 원을 그려보세요. 이때, x축과의 교점 $(1,0)$과 $(3,0)$의 x좌표가 바로 $x^2-4x+3=0$의 해 1, 3과 일치합니다.

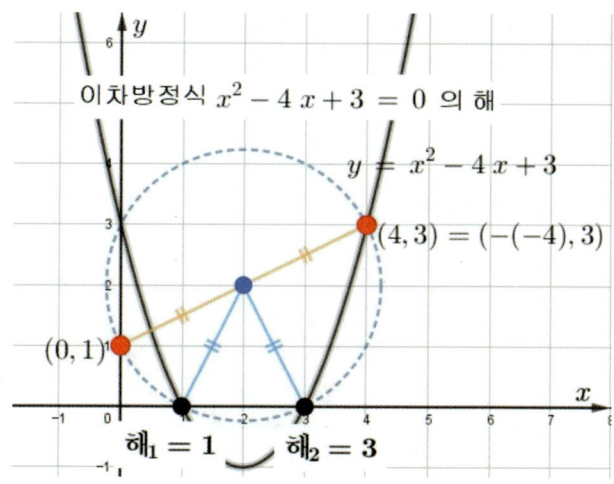

[작도로 찾은 $x^2-4x+3=0$의 해]
(https://www.geogebra.org/m/ehcfxufa#material/ppg93wsd)

[왜냐하면]

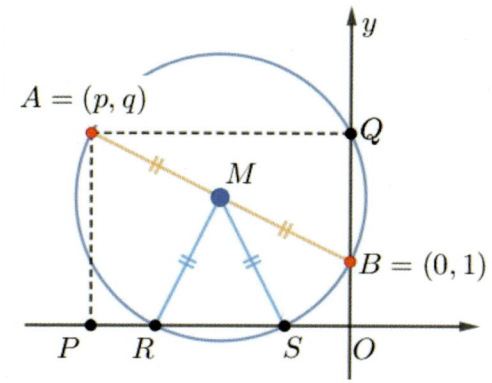

위 설명과 같이 두 점 $A=(-p, q)$과 $B=(0, 1)$을 좌표평면에 표시하자. 또한 $\overline{AB}$의 중점 $M=\left(-\dfrac{p}{2}, \dfrac{q+1}{2}\right)$을 중심으로하고 $\overline{AB}$를 지름으로 하는 원 c를 그리자. 이때, 원과 x과의 교점을 각각 x_0라고 하자.

이때,
$$\overline{MR}=\overline{MS}=\overline{MB}$$
이므로 다음의 관계식을 얻을 수 있다.

$$\sqrt{\left(x_0+\dfrac{p}{2}\right)^2+\left(\dfrac{q+1}{2}\right)^2}=\sqrt{\left(\dfrac{p}{2}\right)^2+\left(\dfrac{1-q}{2}\right)^2}$$

$$\to {x_0}^2+px_0+\dfrac{p^2}{4}+\dfrac{q^2+2q+1}{4}=\dfrac{p^2}{4}+\dfrac{1-2q+q^2}{4}$$

$$\to {x_0}^2+px_0+q=0$$

따라서 R, S의 x좌표는 이차방정식 $x^2+px+q=0$의 근이 된다. ∎

이제 이차방정식은 언제나 작도로 그 해를 찾을 수 있습니다. 이제 이 방법을 종이접기로 표현해 볼까요? 방법은 같습니다.

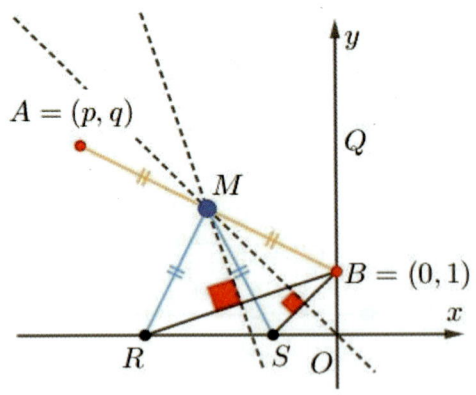

[$x^2+px+q=0$의 해를 접는 법]

이차방정식 $x^2+px+q=0$의 해를 종이접기로 찾아내기

1. $A=(-p,q)$, $B=(0,1)$, x축을 잡는다.
   (※ 종이접기에서는 단위 길이 1과 x축의 방향을 자유롭게 잡을 수 있다.)
2. $\overline{AB}$의 수직이등분선을 접어 그 중점 M을 찾자.
3. 「ⓜ$B \to x$축」을 접어 점 B가 옮겨진 점을 각각 R, S라고 하자.
   ∴ R, S의 x좌표가 바로 이차방정식 $x^2+px+q=0$의 해가 된다.

그런데 더 짧게 접는 방법도 있습니다. 바로 종이접기에서 한번 접을 때마다 포물선이 존재하는 것을 이용하는 방법입니다. 이미 「종이접기의 공리5의 변형」에서 한번 살펴보았죠?

공리 (O5)의 변형의 수학적 의미

임의의 점 P_1와 임의의 직선 l_1이 주어져 있다. 이 때 점 P_1를 직선 l_1 위로 옮기도록 접으면, 점 P_1을 초점으로 하고 직선 l_1을 준선으로 하는 포물선과 그 포물선의 접선이 항상 나타난다.

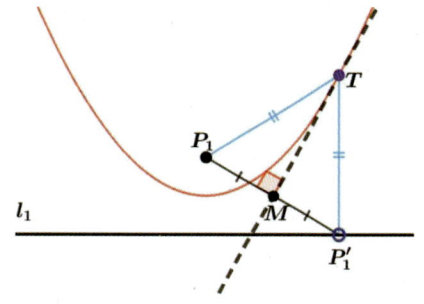

포물선은 $y = ax^2$ (혹은 $x = ay^2$)꼴로 표현가능하니, 이를 이용하면 이차방정식의 해과 접선과의 관계를 만들어낼 수 있습니다.

포물선과 접선 그리고 이차방정식의 관계

$4ac \leq b^2$을 만족하는 점 $(-b, c)$를 지나는 포물선 $4ay = x^2$의 접선의 기울기를 t로 두면, t는 이차방정식

$$at^2 + bt + c = 0$$

의 해가 된다.

[왜냐하면]

접점의 좌표를 (x_1, y_1)으로 두면, 포물선의 방정식이 $y = \dfrac{x^2}{4a}$이므로 이를 미분하여 접선의 방정식을 찾을 수 있다.

$$y = \frac{x_1}{2a}(x - x_1) + y_1 = \frac{x_1}{2a}x - \frac{x_1^2}{2a} + \frac{x_1^2}{4a} = \frac{x_1}{2a}x - \frac{x_1^2}{4a}$$

이 직선은 점 $(-b, c)$를 지나므로

$$c = \frac{x_1}{2a}(-b) - \frac{x_1^2}{4a}$$

$$\to -4ac = 2bx_1 - x_1^2 \to x_1^2 + 2bx_1 + 4ac = 0$$

이때, 직선의 기울기 $t = \dfrac{x_1}{2a}$라고 두면, $x_1 = 2at$가 되므로 이를 위 식에 대입하여

$$(2at)^2 + 2b(2at) + 4ac = 4a^2t^2 + 4abt + 4ac = 0$$

$$\therefore at^2 + bt + c = 0 \qquad \blacksquare$$

그러니 예를 들어 우리가 실컷 접었던 황금비를 예로 들어볼까요? $\phi = \dfrac{1+\sqrt{5}}{2}$는 이차방정식 $x^2 - x - 1 = 0$의 해입니다. $a = 1$, $b = -1$, $c = -1$ 이니, 점 $P = (-b, c) = (1, -1)$에서 포물선 $y = \dfrac{1}{4}x^2$에 그은 접선들의 기울기가 바로 해가 되겠군요.

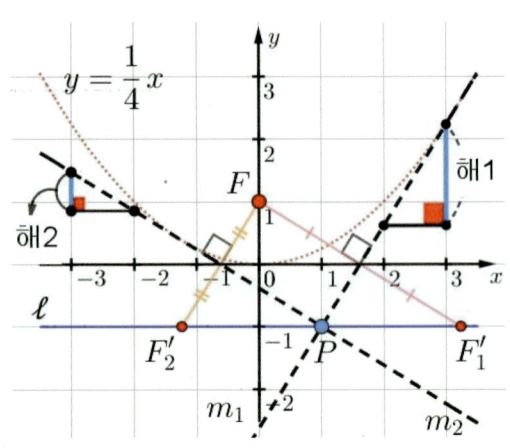

[$x^2 - x - 1 = 0$의 해 ϕ를 접는 법]

예시 : 이차방정식 $x^2 - x - 1 = 0$의 해를 종이접기로 찾아내기

1. 초점 $F = (1, 0)$과 준선 $\ell : y = -1$, 점 $P = (1, -1)$을 잡는다.
    ※ 종이접기에서는 단위 길이 1과 x축의 방향을 자유롭게 잡을 수 있다.
2. 점 F를 직선 ℓ 위로 옮기면서 점 P를 지나는 직선 m을 접는다.
    ※ 「종이접기의 공리5」

직선 m_1, m_2의 기울기가 바로 $x^2 - x - 1 = 0$의 해이다. 이때, 두 직선을 빗변으로 갖는 직각삼각형을 만든다면 이차방정식의 해의 길이를 표시할 수 있다.
 ① 밑변의 길이가 1이고 빗변이 m인 직각삼각형을 만든다.
 ② '①'의 직각삼각형의 높이가 바로 이차방정식 $x^2 - x - 1 = 0$의 해이다.

와우! 이제 이차방정식도 종이접기로 만들 수 있게 되었습니다.

4 삼차방정식과 작도 그리고 종이접기

드디어 삼차방정식의 차례입니다. 우리는 앞서 작도불능문제 중 종이접기로 해결 가능한 2개의 문제가 실은 삼차방정식의 문제임을 살펴보았습니다. 이 문제들을 접을 때 어떤 방법을 사용하였기에 삼차방정식을 해결할 수 있었을까요? 우리의 의문을 해결하려면 우선 각 종이접기 방법에서 지금까지와는 다른 종이접기의 공리를 사용하였는지 확인해 보는 것이 필요할 듯합니다.

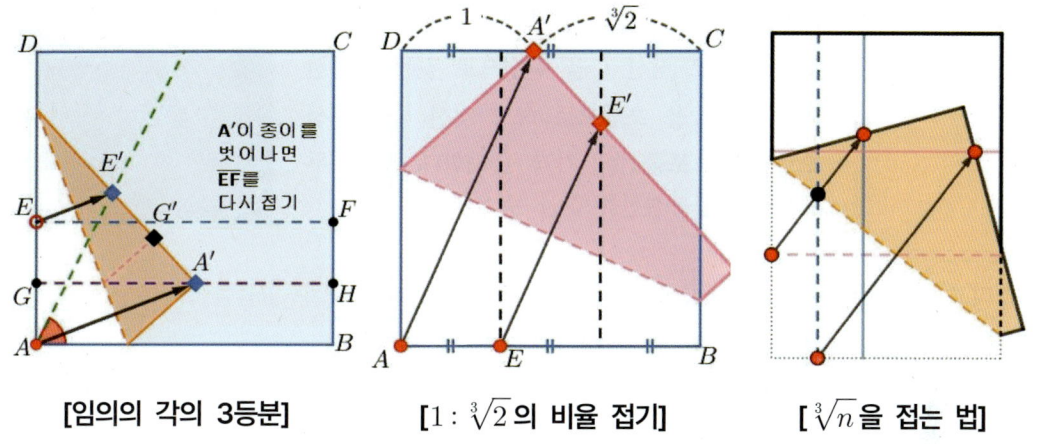

[임의의 각의 3등분]   [1 : $\sqrt[3]{2}$의 비율 접기]   [$\sqrt[3]{n}$을 접는 법]

각각의 종이접기 방법을 살펴보면 하나 특이한 접기 방법이 있습니다. 바로 2개의 점을 다른 위치로 한 번에 옮겨지도록 접는 과정이 꼭 들어가 있다는 점입니다. 지금까지 우리가 접던 방법과는 전혀 다른 방법이죠. 이 방법이 바로 「종이접기의 공리6」입니다.

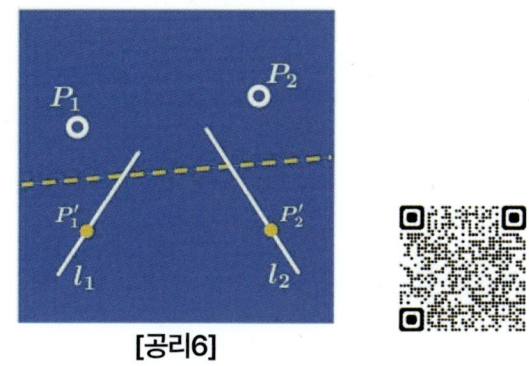

[공리6]
(https://www.geogebra.org/m/ehcfxufa#material/mgk4ac74)

종이접기 공리

공리 (O6) 임의의 두 점 P_1, P_2와 임의의 두 직선 l_1, l_2가 주어져 있다고 하자. 이때, 점 P_1을 직선 l_1 위에, 점 P_2를 직선 l_2 위에 각각 겹치도록 접을 수 있다.

그럼 전에 「종이접기의 공리6」의 수학적 성질을 보았던 것 기억나시나요? **「I- 5. 종이접기의 공리의 수학적 의미2 ~ 종이접기 속 포물선」**에서 공리6을 포물선으로 재해석했었습니다.

공리 (O6) 재해석 임의의 두 점 P_1, P_2와 임의의 두 직선 l_1, l_2가 주어져 있다고 하자. 이때, 점 P_1를 초점으로 하고 직선 l_1을 준선으로 갖는 포물선과, 점 P_2을 초점으로 하고 직선 l_2를 준선으로 갖는 포물선이 각각 존재한다. 이때 두 포물선의 공통접선을 찾을 수 있다.

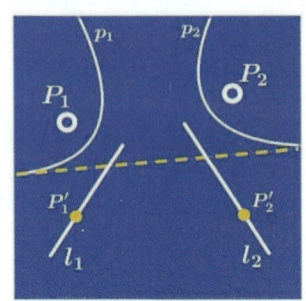

그리고 이 결과 두 포물선의 공통접선은 0개 ~ 3개까지 나타날 수 있음을 확인했죠.

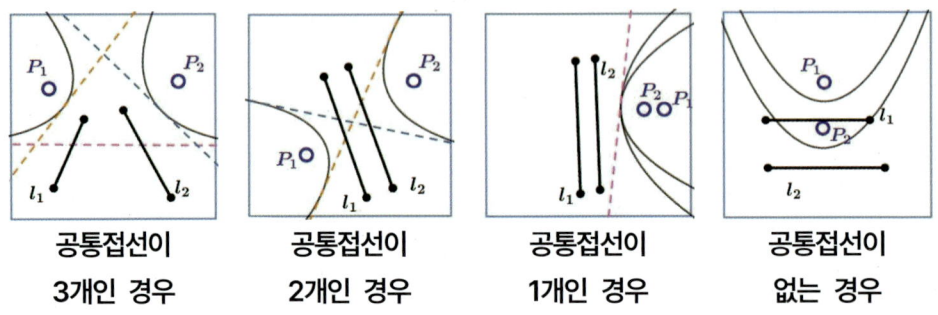

공통접선이 3개인 경우   공통접선이 2개인 경우   공통접선이 1개인 경우   공통접선이 없는 경우

네, 바로 여기에 삼차방정식을 풀 비밀이 숨어있습니다. 포물선 2개를 잘 조합한다면 삼차방정식의 해를 구할 수 있을 것으로 보입니다. 여기에 주목한 수학자들은 종이접기로 삼차방정식을 해결할 수 있도록, 두 포물선 그러니까 2개의 초점과 2개의 준선의 위치를 잘 조정하였습니다. 그 결과가 바로 아래의 정리입니다.

> ### 두 포물선과 공통 접선 그리고 삼차방정식의 관계
>
> 포물선 $p_1 : 4ay = x^2$과 $p_2 : 4d(x+b) = (y-c)^2$ $(a > 0, d > 0)$의 공통접선의 기울기 t로 두면, t는 다음의 삼차방정식
> $$at^3 + bt^2 + ct + d = 0$$
> 의 해가 된다.

두 포물선의 공통접선의 기울기 t가 삼차방정식 $at^3 + bt^2 + ct + d = 0$의 해가 됨을 보이는 과정은 아래와 같습니다. 많이 복잡하게 느껴진다면 넘기셔도 좋습니다.

> **[왜냐하면]**
>
> **목표 : 포물선 $p_1 : 4ay = x^2$과 $p_2 : 4d(x+b) = (y-c)^2$ $(a \neq 0, d \neq 0)$의 공통 접선**
>
> 직선 $l : y = tx + m$이 포물선 p_1과 포물선 p_2의 공통접선이라고 하자. l이 포물선 p_1위의 점 (x_1, y_1)을 지나고, 포물선 p_2위의 점 (x_2, y_2)을 지난다고 하자.
>
> **(1) 접점 (x_1, y_1)를 a, b, c, d와 t로 나타내기**
>
> l은 포물선 p_1위의 점 (x_1, y_1)을 지나는 접선이므로 접선의 기울기는 $t = \dfrac{x_1}{2a}$ 이다.
>
> $\therefore x_1 = 2at, \quad y_1 = \dfrac{x_1^2}{4a} = at^2$
>
> **(2) 접점 (x_2, y_2)를 a, b, c, d와 t로 나타내기**
>
> l은 포물선 p_2위의 점 (x_2, y_2)을 지나는 접선이므로 접선의 기울기는 $t = \dfrac{2d}{y_2 - c}$ 이다.
>
> $y_2 - c = \dfrac{2d}{t}, \quad x_2 = -b + \dfrac{(y_2 - c)^2}{4d} = -b + \dfrac{d}{t^2}$
>
> **(3) $(x_1, y_1), (x_2, y_2)$를 이용하여 직선 l의 y절편 m 비교하기**
>
> $m = y_1 - tx_1 = at^2 - 2at^2 = -at^2$
>
> $m = y_2 - tx_2 = c + \dfrac{2d}{t} + bt - \dfrac{d}{t} = c + \dfrac{d}{t} + bt$
>
> 그러므로
>
> $c + \dfrac{d}{t} + bt = -at^2 \quad \rightarrow \quad at^3 + bt^2 + ct + d = 0$
>
> $\therefore$ 공통 접선 l의 기울기 t는 $at^3 + bt^2 + ct + d = 0$의 해가 된다. ■

오호. 초점과 준선의 위치만 잘 잡으면 삼차방정식의 해를 언제든 구할 수 있군요.

그러니까 예를 들어 $\sqrt[3]{2}$ 의 값을 구하고 싶다면, $x^3 - 2 = 0$이란 삼차방정식을 해결해야 합니다. 이때, $a = 1$, $b = c = 0$, $d = -2$이므로 포물선 $p_1 : 4y = x^2$과 $p_2 : -8x = y^2$의 공통접선의 기울기가 그 해 $\sqrt[3]{2}$ 가 됩니다.

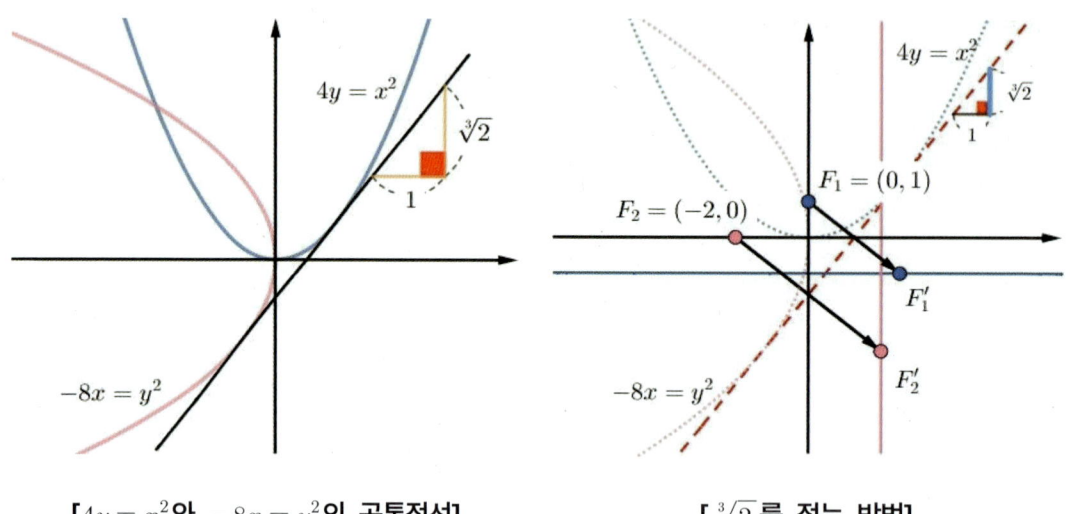

[$4y = x^2$와 $-8x = y^2$의 공통접선]   [$\sqrt[3]{2}$를 접는 방법]

5 정다각형과 삼차방정식

눈금 없는 자와 컴퍼스를 이용하는 작도로 어떤 정다각형을 만들 수 있는지에 대해서도 수학자들은 오랜 시간 연구를 해왔습니다. 정p각형이 눈금 없는 자와 컴퍼스로 작도 가능한 필요충분조건은 소수 p가 $p = 2^{2^m} + 1$의 형태여야만 한다는 점이 알려져 있습니다. 이런 형태의 소수를 **페르마 소수**라고 합니다. $m = 0, 1, 2, 3, 4$라고 하면 $p = 3, 5, 17, 257, 65537$이 되지요.

[가우스와 정17각형 작도 (1977년 독일 우표)]
출처 : en.wikipedia.org/wiki/Carl_Friedrich_Gauss

가우스(Carl Friedrich Gauss, 1777~1855)는 19세 때 정17각형이 작도 가능함을 증명하고, 이후 1801년엔 페르마 소수이어야만 정p각형이 작도 가능할 것이란 추측을 제시하였습니다. 이 추측을 1836년에 피에르 방첼이 의해 증명하면서, 이를 가우스-방첼 정리라고도 부르게 되었습니다.

가우스는 정17각형이 작도 가능하다는 것을 어떻게 보였을까요? 방첼은요? 두 수학자는 모두 기하적인 방법으로 증명하지 않았습니다. 이를 보인 것 역시 바로 방정식입니다.

정7각형의 무게중심을 좌표평면의 원점에 두고, 한 꼭짓점을 $(1,0)$에 둔다면 아래와 같은 모습이 됩니다. 편의를 위해 각도는 호도법으로 나타내겠습니다.

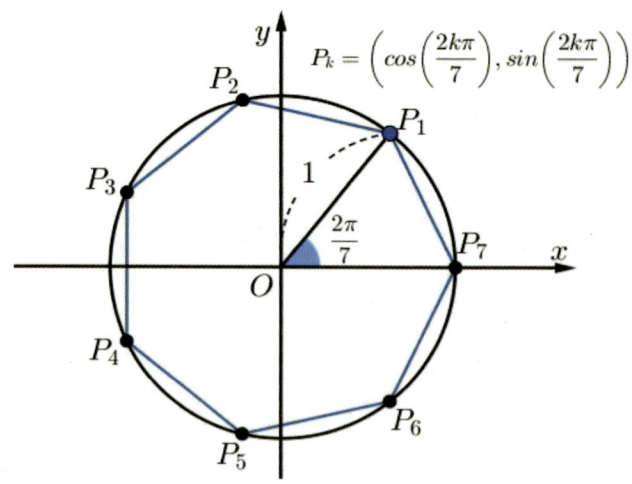

[좌표평면 위 정p각형 ($p=7$)]

각 꼭짓점을 P_k ($k=1, 2, \cdots, p$)라 하면, P_k의 좌표는

$$P_k = \left(\cos\left(\frac{2k\pi}{p}\right), \sin\left(\frac{2k\pi}{p}\right)\right) \quad (k=1, 2, \cdots, p)$$

가 됩니다. 이때, 좌표평면을 x축은 실수, y축은 복소수인 복소평면으로 바꾼다면, 정p각형의 꼭짓점의 좌표는 복소수

$$z_k = \cos\left(\frac{2k\pi}{p}\right) + i\sin\left(\frac{2k\pi}{p}\right) \quad (k=1, 2, \cdots, p)$$

가 되어버립니다.

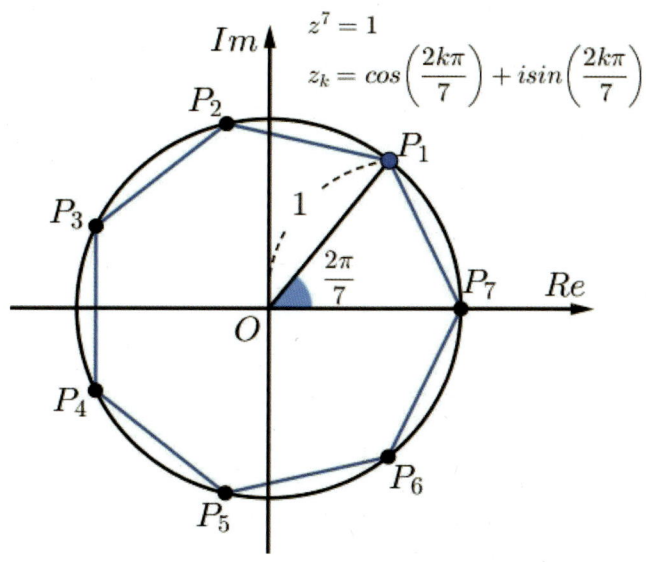

[복소평면 위 정p각형 ($p=7$)]

이때 복소수 z_k는 복소수에 대한 오일러 정리에 따라 모두

$$x^p = 1$$

이라는 방정식의 해가 됩니다. 즉,

$$(x-1)(x^{p-1}+x^{p-2}+\cdots+x+1)=0$$

의 해가 된다는 뜻이죠.

다시 이야기를 끌어오면 피에르 방첼에 의해 1차식 혹은 2차식으로 인수분해되는 방정식의 해는 작도 가능한 수로 판명이 되었습니다. 하지만 우리는 종이접기를 사용하면서 조금 더 수단이 늘어났습니다. 바로 삼차방정식도 종이접기로 구현할 수 있게 된 점이죠.

이차방정식과 삼차방정식을 반복해서 해결하는 것으로 위 방정식 $x^p=1$이 해결이 된다면, 소수 p는

$$p = 2^m 3^n + 1 \ (m, n 은 0이상 정수)$$

이 되어야 합니다. $(m, n) = (1, 1), (2, 1), (1, 2)$로 두면 $p = 7, 13, 19$가 되므로 정칠각형, 정십삼각형, 정십구각형을 종이접기로 접는 것이 가능하다는 것을 알 수 있습니다. 이중 정칠각형 접기를 한번 살펴보시죠.

가. 정칠각형 접기의 수학 원리

정칠각형은 $x^7 = 1$이라는 방정식의 해를 구하며 만들 수 있습니다. 이를 인수분해하면

$$x^7 - 1 = (x-1)(x^6 + x^5 + x^4 + x^3 + x^2 + x + 1) = 0$$

이고, 앞서 본 것과 같이 이 방정식의 해는 $x = 1$과 함께 6개의 복소수

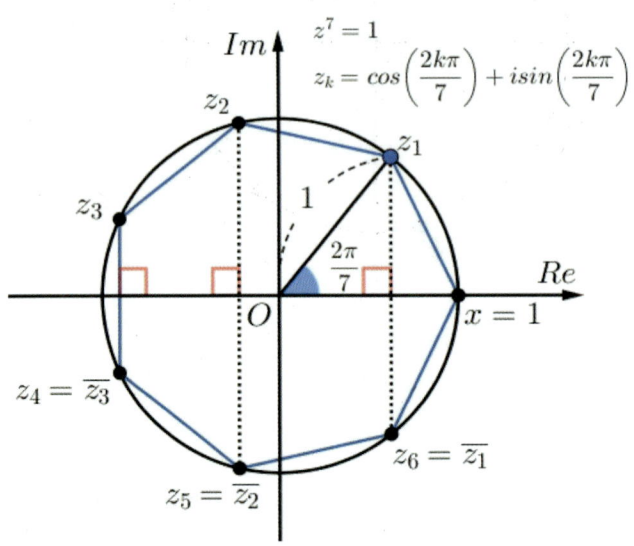

[복소평면 위 정칠각형]

$z = \cos\dfrac{2k\pi}{7} + i\sin\dfrac{2k\pi}{7}$, $(k = 1, 2, 3, 4, 5, 6)$ 이 됩니다.

이때, $t = z + \dfrac{1}{z}$로 두고 $x^6 + x^5 + x^4 + x^3 + x^2 + x + 1 = 0$를 변형하여보겠습니다.
$z \neq 0$이므로 양변을 x로 나누면

$$x^3 + x^2 + x + 1 + \dfrac{1}{x} + \dfrac{1}{x^2} + \dfrac{1}{x^3} = 0$$

즉, 이 식에 $x = z$를 대입하면, $z^3 + z^2 + z + 1 + \dfrac{1}{z} + \dfrac{1}{z^2} + \dfrac{1}{z^3} = 0$가 만들어집니다.

그런데, $t = z + \dfrac{1}{z}$로 두기로 했으니, 곱셈공식을 활용해서 조금 변형을 해보죠.

$$z^3 + \dfrac{1}{z^3} = \left(z + \dfrac{1}{z}\right)^3 - 3 \times z \times \dfrac{1}{z} \times \left(z + \dfrac{1}{z}\right) = t^3 - 3t$$

$$z^2 + \dfrac{1}{z^2} = \left(z + \dfrac{1}{z}\right)^2 - 2 \times z \times \dfrac{1}{z} = t^2 - 2$$

이를 대입하면

$$z^3 + z^2 + z + 1 + \frac{1}{z} + \frac{1}{z^2} + \frac{1}{z^3} = \left(z^3 + \frac{1}{z^3}\right) + \left(z^2 + \frac{1}{z^2}\right) + \left(z + \frac{1}{z}\right) + 1$$
$$= t^3 - 3t + t^2 - 2 + t + 1 = t^3 + t^2 - 2t - 1$$
$$\therefore \ t^3 + t^2 - 2t - 1 = 0$$

$t = z + \dfrac{1}{z}$은 $t^3 + t^2 - 2t - 1 = 0$의 해가 됩니다. 이때, $z = \cos\dfrac{2k\pi}{7} + i\sin\dfrac{2k\pi}{7}\,(k = 1,\,2,\,3,\,4,\,5,\,6)$이므로 $t = z + \dfrac{1}{z}$에 z를 대입하면 $t = z + \dfrac{1}{z} = z + \bar{z} = 2\cos\dfrac{2k\pi}{7}$이 됩니다.

따라서 근 t가 될 수 있는 것은 $t = 2\cos\dfrac{2\pi}{7}$, $t = 2\cos\dfrac{4\pi}{7}$, $t = 2\cos\dfrac{6\pi}{7}$ 뿐입니다. 우리는 종이접기에서 「컴퍼스 접기」를 이용해 컴퍼스를 사용할 수 있으니 정칠각형을 만들 준비가 거의 되어가는 듯합니다.

예를 들어 $x = \cos\dfrac{2\pi}{7}$를 긋고 원점을 중심으로 하고 반지름이 1인 원 c를 그리면 $P_1 = \left(\cos\dfrac{2\pi}{7},\,\sin\dfrac{2\pi}{7}\right)$을 얻을 수 있어, $P_0 = (1,\,0)$과 함께 조합하면 정칠각형의 두 꼭짓점과 한 변을 구할 수 있게 되는 것이죠. 이후엔 P_1을 중심으로 하고 반지름이 $\overline{P_0 P_1}$인 원을 그리면 c와의 교점에서 P_2를 구할 수 있습니다. 이를 반복하면 모든 정칠각형의 꼭짓점 P_k를 모두 구할 수 있게 되죠.

그럼 어떤 t값을 접은 선으로 사용해야 할까요? $t^3 + t^2 - 2t - 1 = 0$의 해를 구하기 위한 포물선 2개를 찾으면 각각 $p_1 : 4y = x^2$과 $p_2 : -4(x+1) = (y+2)^2$가 됩니다. 두 포물선의 공통접선을 찾으면 다음의 3개가 나타납니다.

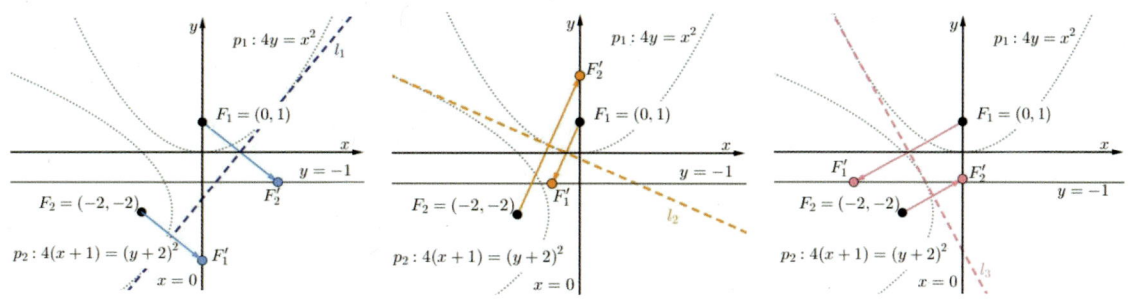

[$t^3 + t^2 - 2t - 1 = 0$의 해를 찾는 두 포물선과 3개의 공통 접선]

이 중 종이를 접어서 찾기에 좋은 방법은 첫 번째 그림, 바로 $t = 2\cos\dfrac{2\pi}{7}$를 구하는 그림이네요. 다른 그림들은 종이를 접는 과정에서 서로 두 초점이 접은 선을 기준으로 서로 반대 방향으로 옮기게 되어서 접은 선을 찾기가 매우 불편합니다.

나. 정칠각형 접기

정칠각형의 꼭짓점을 찾을 수학적 수단도 마련했으니 한번 접어 보겠습니다. 이 방법에서는 종이를 접어 가상의 좌표평면을 만든 뒤 접어 나가는 관점에서 접는 방법을 만들고자 합니다. 우선 편의를 위해 삼차방정식 $t^3 + t^2 - 2t - 1 = 0$의 해를 구하는 두 포물선 $p_1 : 4y = x^2$과 $p_2 : -4(x+1) = (y+2)^2$을 y축 방향으로 1만큼 평행이동 시키고자 합니다. 그리고, 초점의 좌표, 준선의 방정식을 모두 절반으로 축소하여 사용하겠습니다. 그렇다 하더라도 평행이동 후 같은 비율로 줄어들었기 때문에 접선의 방정식의 기울기는 변함이 없게 됩니다.

즉, 포물선 p_1은 $F_1 = (0, 1)$, 준선 $y = 0$을 갖는 $2\left(y - \dfrac{1}{2}\right) = x^2$이고, 포물선 p_2는 $F_2 = \left(-1, -\dfrac{1}{2}\right)$이고, 준선 $x = 0$을 갖는 $-2\left(x + \dfrac{1}{2}\right) = \left(x + \dfrac{1}{2}\right)^2$이 됩니다.

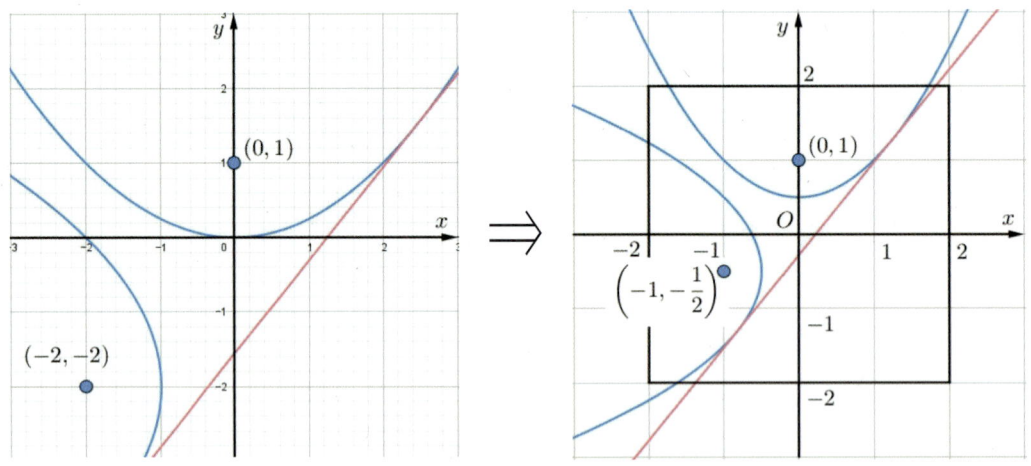

[공통접선의 기울기를 유지하면서 초점, 준선을 위치와 크기를 바꾼 모습]

따라서 종이를 16등분되도록 접고, 중심을 원점으로, 접은 선 중 중선을 각각 x축, y축으로 삼아 위 그림처럼 좌표를 잡으면 $2\cos\dfrac{2\pi}{7}$를 구할 수 있게 됩니다. 우리는 $2\cos\dfrac{2\pi}{7}$을 이용해서 중심이 원점이고 반지름이 2인 원에 내접하는 정칠각형을 만들겠습니다.

[접는 법]

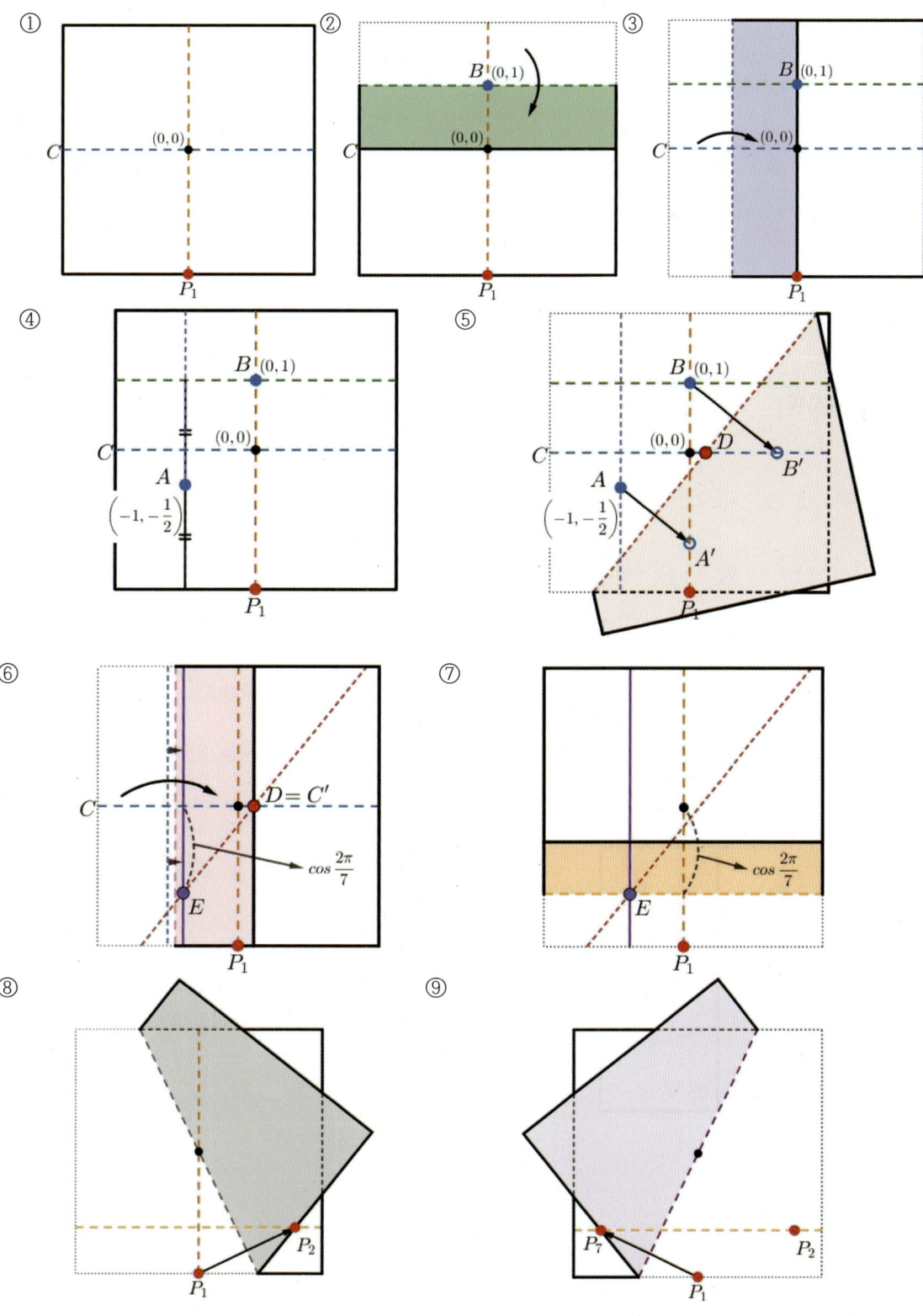

VI. 정확히 접을까? 잘 접을까? ~정다각형 접기에 대한 이야기~

⑩ ⑪ ⑫

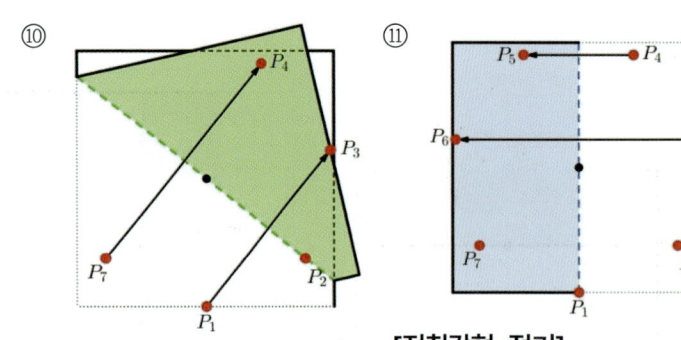
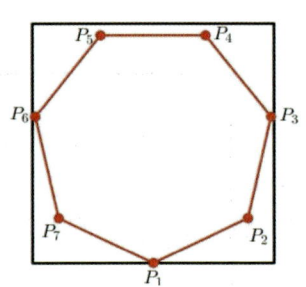

[정칠각형 접기]

(https://www.geogebra.org/m/ehcfxufa#material/p5da3a8a)

출처 : Geometric Origami (로베르트 게레트슈레거)

[왜냐하면]

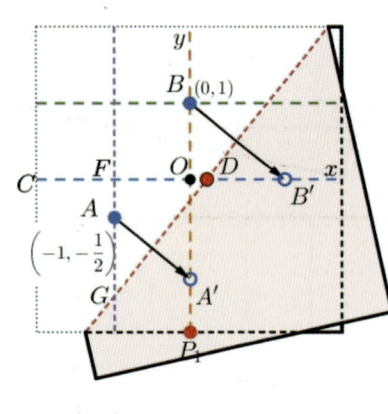

[5단계] 기울기는 $2\cos\dfrac{2\pi}{7}$ 인 접은 선 만들기

$(0, 1) \to y = 0, \quad \left(-1, -\dfrac{1}{2}\right) \to x = 0$ 으로 옮기기

때문에 접은 선 $\overleftrightarrow{GD}$ 의 기울기는 $2\cos\dfrac{2\pi}{7}$ 이다.

그런데 $\overline{FD} > 1$ 이므로 $\overline{FG} > 2\cos\dfrac{2\pi}{7}$ 입니다.

그래서 길이가 $2\cos\dfrac{2\pi}{7}$ 인 선분을 만들어야 합니다.

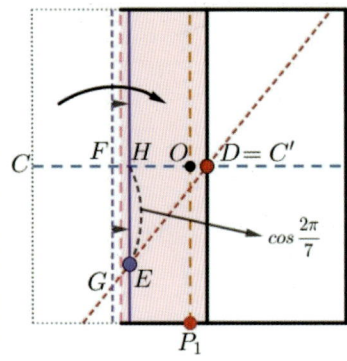

[6단계] $\overline{EH} = 2\cos\dfrac{2\pi}{7}$ 만들기

$C \to D$ 가 되도록 접을 때, F 의 대칭점을 H 라 하면 $\overline{HD} = \overline{CF} = 1$ 가 됩니다. (∵ 종이접기의 뺄셈)

따라서 $\overline{GD}$ 의 기울기 $= 2\cos\dfrac{2\pi}{7} = \dfrac{\overline{HE}}{\overline{HD}} = \overline{HE}$

∴ $\overline{HE} = 2\cos\dfrac{2\pi}{7}$

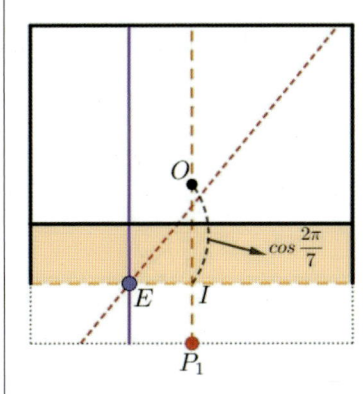

[7단계] x축과 평행하고 E를 지나는 선 접기

점 E를 지나고 $\overline{OP_1}$에 수직이 되도록 접었으므로 $\overline{OI} = 2\cos\frac{2\pi}{7}$가 된다.

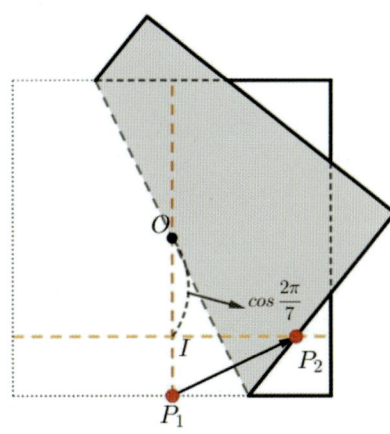

[8단계] P_2 찾기

◎ $P_1 \to \overleftrightarrow{EI}$라는 컴퍼스 접기를 하였으므로 $\overline{OP_1} = \overline{OP_2}$임을 알 수 있다. 즉, P_2는 중심이 원점이고 반지름이 2인 원 위의 점이다.

또한 P_2의 y좌표가 $-2\cos\frac{2\pi}{7}$이므로 $x^2 + y^2 = 4$를 만족하려면 x좌표가 $2\sin\frac{2\pi}{7}$이 되어야 한다.

즉, P_2도 정칠각형의 한 꼭짓점이 된다.

[9단계 → 11단계] $P_k \ (k = 3, 4, 5, 6)$ 찾기

꼭짓점과 중심을 지나는 정칠각형의 대칭축에 따라 $P_k \ (k = 3, 4, 5, 6)$를 찾았으므로, 모두 정칠각형의 꼭짓점이 된다. ∎

여기까지 따라오신 독자분들께 박수를 보냅니다. 쉽지 않은 여정이었습니다. 이렇게 종이접기는 일차방정식, 이차방정식을 넘어서 삼차방정식까지 해결이 가능합니다. 그렇다면 사차방정식은 어떨까요? 혹은 그 이상은요? 그리고 앞서 언급한 정13각형이나 정19각형은 어떻게 접어낼 수 있을까요? 소년 가우스가 가능함을 증명한 정17각형은요?

이에 대한 탐구는 여러분의 몫으로 남겨두겠습니다. 흥미가 느껴진다면 한번 도전해보세요.

<정17각형을 작도하기 위한 $x^{17} - 1 = 0$의 근>

$$\cos\frac{2\pi}{17} = \frac{-1 + \sqrt{17} + \sqrt{2(17 - \sqrt{17})} + 2\sqrt{17 + 3\sqrt{17} - \sqrt{2(17 - \sqrt{17})} - 2\sqrt{2(17 + \sqrt{17})}}}{16}$$

참고문헌

VI. 정확히 접을까? 잘 접을까?

[1] 오영재(2012), 초등 수학 공부를 위한 수학 종이접기, 종이나라
[2] Miyuki Kawamura, Polyhedron Origami for Beginners, Nihon Vogue-Sha
[3] 네이버 지식백과, "펠 방정식" [Online]. Available:
    https://terms.naver.com/entry.naver?docId=3405382&cid=47324&categoryId=47324
[4] 위키피디아, "펠 방정식" [Online]. Avaliable:
    https://ko.wikipedia.org/wiki/%ED%8E%A0_%EB%B0%A9%EC%A0%95%EC%8B%9D
[5] 芳賀和夫(1999), オリガミクス Ⅰ, 日本評論社, pp107~113
[6] Robert Geretschläger(2008), Geometric Origami, Arbelos, pp103~139

VII. 작도의 한계를 넘어서

[7] 阿部恒(2003), すごいぞ折り紙, 日本評論社, pp74~77
[8] Robert Geretschläger(2008), Geometric Origami, Arbelos, pp26~32, 145~152
[9] Robert Lang(2011), Solving Cubics With Creases: The Work of Beloch and Lill, The American Mathematical Monthly 118(4), pp307-315
[10] Peter Messer, Problem 1054, Crux Mathematicorum, Vol.12, No.10, Dec. 1986
[11] 中川仁(2012), "折紙の数学 공개강좌. [Online] , pp11~15. Available:
    https://www.juen.ac.jp/math/nakagawa/profj.html#publiclecture
[12] 위키피디아, "Carl Friedrich Gauss" [Online]. Available:
    https://en.wikipedia.org/wiki/Carl_Friedrich_Gauss
[13] 森継修一 외(2009), 代数方程式の折紙による解法について, 数理解析研究所講究録, pp14-22